シッカリ学べる！

3DAモデルを使った「機械製図」の指示・活用方法

亀田幸徳［著］

日刊工業新聞社

はじめに

本書は、これから3D CADを使って、3DAモデルを作成しようという方に、初歩的な製図規格の学習と共に、3DAモデルの作成におけるポイントを紹介するためのものである。2D図面における表現方法についての理解はもちろんであるが、2D図面の表現方法とは異なる3DAモデル特有の表現方法について、より詳しく理解していただけるよう心がけた。また、3DAモデル初心者ではあっても、製図初心者ではない方を考慮して、3DAモデルでは使わない製図手法についても、使わないことを明記して紹介することとした。

3DAモデルの表現方法は、まだまだ初期的な段階であり、関連する工程での表現方法が十分決まっておらず、その活用が進んでいない。設計の後工程にあたる部品製作において、その3DAモデルデータを各種加工機械が読み取って作業を進めるという加工工程でのデータ活用は、いまだ用途が限定されているのが実情である。測定用のデータ評価については、完全ではないものの何とか使えるようになってきた。そのほか、製図ルールチェック機能や公差解析などでも3DAモデルを使うほうが相性がよい。

3D CADにおける様々な表現方法の開発、3DAモデルの普及等には、まだまだ時間がかかるかと思われるが、本書が、これから製図や3DAモデル作成に取り組もうとする方々の参考になれば幸いである。

本書では、幾何公差の入門書として、初めから14種類ある幾何公差の幾何特性を覚えることには抵抗のある方が多いことから、「面の輪郭度」、「線の輪郭度」、「位置度」だけに絞って説明を行っている。ただし、図例には他の幾何特性も使っている。これらの3つの幾何特性だけでも、「円周振れ」と「全振れ」以外の指示はカバーできてしまう。ただし、記号が直接的な表現ではないため、多少、わかりにくくなるだけである。

寸法線を用いる表し方は、理論的に正確な寸法（Theoretically Exact Dimension, TED）とサイズ寸法（size）に限定されている。また、サイズで表すことができるのは、対象形状がサイズ形体（feature of size）である場合に限定されている。サイズの定義では、計算でサイズを求めるためのいくつかの手法があるが、デフォルトの手法での適用だけを説明の対象にしている。測定データからサイズを求める手法を指定したい場合は、その規定を含めて、他の書籍を参考にしてほしい。

3DA モデルならではの表現として挙げるならば、主に次の 5 つだと考える。

・指示を関連付けするのは、外殻形体に限る（指示対象の明確化）。
例えば、円筒の場合は、外殻形体である円筒面に関連付けると、その軸線を指示していることを表す。

・データム系に対して、座標系を関連付けることで、基準を明確化できる。
ただし、現状、本書で紹介している PTC 社 Creo Parametric を含めて、関連付けする機能が実装されていない 3D CAD が多い。

・各指示はアノテーションプレーンに配置し、各ビューに整理して表すが、ビューで見る際に各指示が重ならないように配置する。

・3DA モデルでは、モデルの形状が設計者の理想とする形状を表しており、公差中央値でモデルを作成する。このモデルは理論的に正確な寸法で定義されているとみなし、人が見てわかりやすくする以外では、その寸法の表記を省略できる。

・その部品の加工方法において、通常に得られる加工精度でよい部位に対して、3DA モデルにその加工精度に相当する普通幾何公差を適用することで、特に管理を要する加工精度を必要としない形状における寸法指示を表記省略でき、寸法の指示漏れを防ぎつつ、個別に指示を行う寸法を少なくすることができる。これにより、わかりやすく、管理しやすい 3DA モデルを作成できる。

なお、ISO 1101：2017 に対応した JIS B 0021「製品の幾何特性仕様（GPS）—幾何公差表示方式—形状、姿勢、位置及び振れの公差表示方式」や、ISO 5459：2011 に対応した JIS B 0022「幾何公差のためのデータム」が、現時点では改正されていないことから、JIS にはまだない用語については、本書においてはカタカナ表記とさせていただいた。ISO 規格における元の用語がわかるように、また、グローバル化を考慮して英語表記を併記するようにした。

本書を執筆するきっかけを与えてくださった想図研の小池忠男氏には大変感謝

している。表現方法についてのご示唆、何度かにわたる原稿の校正と、いろいろご指導いただいた小池氏は、毎月開催している『幾何公差研究会』の主催者でもあり、私がその事務局を務めさせていただいている。幾何公差の普及と研究をお手伝いさせていただいている。幾何公差研究会は、幾何公差を研究して、より普及させていくための活動を行っている。

最後に、本書を作るにあたって、「PTC Creo Parametric 10」の教育版を快くご提供いただいた PTC ジャパンの芸林盾氏、原稿の校正をしていただいた亀田幸世美氏、亀田桃生氏の両氏にも感謝している。また、出版にあたっては、お世話になった日刊工業新聞社出版局の方々、ほかの皆様にもお礼申し上げる。

2024 年 3 月 1 日

亀田　幸徳

目　次

第 4 章 線と文字の表し方

第 5 章 投影法と図形の表し方

第 6 章　製図における原則

第 7 章　寸法線の表し方

第 8 章　幾何公差の表し方

第 9 章　幾何公差における基準の表し方

第10章 面の輪郭度、線の輪郭度、位置度、突出公差域、非剛性部品

第11章 最大実体公差方式と最小実体公差方式

第 12 章　その他の表し方

第 13 章　表面の仕上げ状態の表し方

第 14 章　3DA モデルの効果的な作り方と活用方法

第1章
「CADによる製図」と「3DAモデル」のメリット

現在ではCADを使って設計・製図を行うことが当たり前になっている。本書では、3D CADを使ってモデル（＝3D形状）を作成して設計作業を行い、そのモデルを用いて、2D図面や3DAモデルを作成することのメリットや注意点について説明する。

1.1 紙図面とCADデータの違い

1990年代前半までは、ほとんどの会社で、まだ図面をドラフターやシャーペンを使って手描きして作成していた。その当時の図面の効率的な描き方は、抽象化して、とにかく加工者や測定者へ設計意図が伝わればよく、そのためには図形を簡略化し、省略して図面を短時間に作成して、設計意図をわかりやすく簡潔に伝える方法が、よい図面の描き方だった。また、設計変更を行う際に、図形を変更しないで、寸法数値だけを訂正線で消して、新しい寸法数値を記入することで図面を修正してもよいとされていた。現在でも2次元図面（以下、2D図面とする）の製図規格では、この当時の思想やルールが継承されている。

この当時の図面は、人から人へ仕様が伝わればよく、図形が正しい形状を表しているとは限らず、図形を簡略や省略を行い、形状を修正しないで数値だけを書き換えてもよかったため、図面上の図形を直接、“ものさし”で測って理解しようとしてはならず、図面に不明点があれば、それを作成した設計者へ問い合わせを行う必要があった。

その後、2次元CAD[1]（以下、2D CADとする）が導入されて、画面上で製図を

図1 武藤工業㈱ドラフター®

行うようになり、線の色分けや、描画領域のレイヤー分けができるようになった。

しかし、図面を描く際の製図規格に変更はなく、図面の描き方や変更方法が大きくは変わらなかった。ただし、その頃から作成した2次元のCADデータを加工現場へ渡して、加工用のプログラムを作成するために使われることが一部で始まり、図形が正しい形状を表していないと困る場合が生じてきた。また、CADデータを加工現場へ渡す際のデータ形式が、授受を行う双方で読み書きできて、正しいまま再利用できることが求められ始めた。

さらに技術革新は続き、3次元CAD（以下、3D CADとする）が設計作業に使われるようになると、設計作業そのものが大きく変わることになった。その変化の主なポイントは次の通り。

- 設計者が三次元空間上で部品やそれを組立てた状態を3次元モデル（以下、3Dモデルとする）で表すことが必要になった。
- 線を描いて設計していたスタイルから、3Dモデルを作成して設計するスタイルへ変更になった。
- 3Dモデルを作成して、それをCAD上で組立てるスキルが必要になった。
- 3D CADが有する干渉チェックなどの機能を使った設計ミスの事前確認や、構造解析などのCAE[2]への3Dモデルの活用がしやすくなった。
- 3Dモデルに設計仕様を記述した3DAモデル[3]を作ることで、2D図面の作成が不要になる場合も出てきた。
- 形状モデルを加工用プログラムや測定用プログラムの作成に利用することで、各プログラム作成の時間や人手を減らすことができるようになった。また、3DAモデルを用いることで、ほぼ半自動でプログラム作成・実行ができるようになりつつある。

1　CADは“Computer Aided Design”の略で、コンピュータを用いた設計法をいう。

2　CAEは、“Computer Aided Engineering”の略で、製品の設計・製造や工程の事前設計などにコンピュータを用いることをいう。あるいは、そのためのソフトウェアやツールなどを指す場合もある。

3　3DAモデルは、“3-dimensional annotated model”の略で、3Dモデル（形状モデル）内に設計仕様となる寸法や注記などの従来の2D図面の要求仕様を記述して表すものをいう。「3D図面」という場合もある。

●作成した3Dモデルや3DAモデルを他の工程で活用できるデータ形式として受け渡しするために、ある程度のデータ形式に関する知識が必要となった。

このように紙図面では、主に設計者から加工者や測定者へ、人から人へ効率的で一義的な解釈で要求仕様を伝えることを主眼としてきたが、一方、CADデータの有効利用では、設計者が作ったデータを加工者や測定者がデータを活用することで、設計者の意図を下流工程まで確実に伝えて活かせるようになり、設計プロセス全体での効率化や品質向上を期待できるようになってきた。また、CADデータを活用して設計を行うことで、次の製品でも効果を期待できるようになった。このため、CADデータで表す形状が簡略や省略されていると困る場合があったが、当時のCADシステムでは、パンチングメタルのように単純な形状が繰り返し現れる場合であっても、多数の穴をもつモデルのデータの大きさが大きくなり過ぎ、コンピュータの処理能力が足りず、単純に部品を画面で回転させ、拡大・縮小させるだけであっても、処理に時間が掛かって作業が滞る場合があった。

1.2 3D CAD上での2Dデータの活かし方

3D CADを使うようになっても、部品の要求仕様は、2次元表現で十分な場合がある。例えば、打ち抜き加工するだけでよい板金などの板材を使う場合や、印刷仕様などである。

3次元形状として3D CADで検討を行う必要があれば、3Dモデルを作成した後、それを投影して2D図面を作り、要求仕様を記載することになる。

形状とはあまり関係しない、例えば、印刷仕様の場合は、最初から3D CADの2D図面作成機能だけを使って、2D図面を作成してもよい。ただし、3D CADで、他の部品と組み合わせて製品の設計検討を行う場合は、3D形状が必要になるため、この限りではない。

板金部品の場合は、打ち抜き型（ビク型）を作る際の基本形状作成に2D CADデータを用いることがある。CADデータを活用する場合は、製図規格にある形状の省略や簡略があると、そのままでは使えないため、正確な CAD データを作成して提供する必要がある。

［備考：板金プレス加工については、「一般社団法人日本金属プレス工業協会」（http://www.nikkin.or.jp/）の「金属プレス関連情報」などが参考になる。］

印刷仕様の場合は、黒塗りにする部分を“ベタ”という塗りつぶしを行い、“トンボ”と呼ばれる位置合わせの目印を追加した CAD データ（PDF 形式）を作って提供すると、そのまま印刷用の版下を作成するためのデータとして用いることができる。用いる印刷の種類に合わせて“ひげ”の有無などを選択する場合がある。印刷業者とは、提供するデータの使用に関して事前に確認しておくのがよい。

［備考：印刷用語については「一般社団法人 日本印刷産業連合会」の印刷用語集（https://www.jfpi.or.jp/webyogo/）が参考になる。］

1.3 3D 形状モデルの活かし方

3D CAD で作った 3D 形状モデルは、2D 図面とともに提供して、加工や測定に活かしてもらうことができる。2D 図面では、形状モデルでは読み取れない、詳細な部品仕様を人が見て確認することができる。

加工では CAM（Computer aided manufacturing）として、加工仕上げ形状から加工用のツールパス（切削加工などの刃物で削る軌跡）の作成に用いることができ、図面を人が読み取って加工用プログラムを手作業で作成する時間や労力が短縮できる。加工時間が短くなるようにツールパスの最適化が実施できるなど、システム上でツールパスをシミュレーションすることで、加工の不備を事前に見つけやすいなどのメリットがある。また、作業者の経験によらず、ツールパスを作成・修正できるため、多軸加工で複数の刃物を使って同時加工を行うような複雑な加工も容易に制御できるので、品質向上や人材の適切配置などにもメリットがある。

測定では、検査工程で用いるソフトウェアのことを CAT（Computer aided testing）といい、測定を行う際のツールパス（この場合は測定用センサーを動作させる軌跡）の作成に用いることができ、図面を人が読み取って測定用プログラムを手作業で作成する時間や労力が短縮できる。

また、現物の部品がある場合は、人がセンサを動かしながら測定点をプログラミングするティーチングで測定用プログラムを作る場合があるが、その際は、部品を入手した後で、測定点をひとつずつ登録していくので、測定プログラムを作るための時間や労力が数日単位で掛かることになる。

現物の部品がなくても、3D 形状モデルの CAD データを用いることで、ツールパスが作成でき、測定時間が短くなるようにツールパスの最適化ができるなど、システム上でツールパスをシミュレーションすることで加工の不備を事前に見つけやすいなどのメリットがある。また、作業者の経験によらず、ツールパスを作成・修正できるため、複数のセンサーを自動交換するような複雑な測定も容易に制御できるので、品質向上や人材の適切配置などにもメリットがある。

1.4 3DA モデルの活かし方

1.3 で説明した 3D 形状モデルを使う場合に加えて、3DA モデルでは、3D 形状モデルを構成する各形体（点、線、面）に関連付けて、その仕様を記載するため、加工や測定において、その要求仕様を自動取得して、各プログラム作成に活用することができる。

例えば、測定においては、ツールパス作成に加えて、測定条件を読み取り、測定に反映させることや、測定結果の自動評価・判定を実施することができる。

加工工程においても、加工結果を測定して評価・判定を行うことが必要であり、加工におけるツールパスを作成する以外にも有効である。

また、設計者としても、測定結果を入手することで、試作における加工条件の変更指示や、部品形状の見直しなどにつなげることができる。

量産管理においても、容易に測定できることから、部品品質の時系列での確認や、精度の推移を確認することで、製造及び組立用のツールそのものの交換や金型のメンテナンスなどに役立てることもできる。

3DAモデルの活用法は、まだ発展途上であり、設計上流におけるCAEの解析条件の記載や伝達、試験条件の記載、営業用サンプルの仕様記載など、様々な活かし方が想定されている。

第 2 章
2D 図面に対する 3DA モデルの利点と活用法

3DA モデルには、2D 図面にはないメリットが多数ある。ただし、それは 3DA モデルの作り方にも依存する。
3DA モデルの利点と活用法に関して説明する。

この章では、2D 図面と対比させて、3DA モデルを活用することによる利点を説明する。その中で、幾何公差とサイズ公差を用いること、3D 形状であること、デジタルメディアであることの利点も併せて説明する。

2.1 より、あいまいさのない表現方法へ

2D 図面では、元々、一義性を保ちつつ、手描きで簡略化・省略して効率的に表現することを念頭にして形状を表し、その仕様を指示して正確に伝えることを目的としていた。そのため、形状そのものや指示内容そのものが実物の形状や要求仕様を含めた部品仕様全体を表しているわけではなかった。

それに対して、3DA モデルでは、モデルの形状ができあがり状態の理想的な形状を表しており、要求仕様として、指示の漏れが一切ない部品仕様を表すようになってきている。また、常に形状や仕様が最新の状態を表すように、運用管理することも求められている。

さらに、幾何公差とサイズ公差を併用することで、部品仕様の言語に依存しない、記号による表現を行うことで世界に通用し、設計意図を伝えることができるとともに、その設計意図が一義的に解釈される。

しかしながら、例えば、バリ、アンダーカット、パッシングなどは、商品設計においては欠くことができない仕様の 1 つであるが、正確に測定する方法が確立できておらず、モデルの作成法や製図での正確な表現方法も決まっていないのが現状である。

3DA モデルの活用を行うという世界的な動向は、設計者の設計意図を表した 3DA モデルの加工・製造、測定・評価を行う各プロセスにおける、方法そのものにも変化を与えている。2D 図面では、加工者が 2D 図面を見ながら加工図を作成し、それを元に加工用の材料手配や加工計画、加工プログラムの作成などへつなげていたが、一部では、2D 図面の形状データを利用して加工図を作成していた。

3D CAD が使われるようになり、3D モデルの形状データを加工者が入手できるようになると、その形状データを基にして加工用プログラムの作成や、成形品の

場合は、金型構造の 3D モデル作成などに利用されるようになってきた。測定・評価においても、2D 図面では、測定者が 2D 図面に記載されている指示に番号を振り、測定データを番号順に報告書へまとめて、評価結果を人手で記載していた。しかし、3D CAD が使われるようになり、3D モデルの形状データを測定者が入手できるようになると、その形状データを基にして三次元測定機（CMM）などの測定用プログラムの作成が行えるようになった。それでも、その測定結果に指示の番号や評価結果を人手で追記が必要だった。3DA モデルでは、その指示が含まれているため、評価結果を含めた報告書が自動で作成できるようになっている。

形状だけではなく、その仕様にも数学の幾何学を取り入れることで、より明確であいまいさがなく、一義的に表現できるようになってきた。したがって、人が見てわかることと同時に、機械が解釈することで、次工程に活かせるようになってきている。

今のところ、人が作り、機械がチェックを行い、解釈できる世界を実現する方向にあるので、人が見てわかりやすく、機械にも解釈できるような、様々な仕様を記号化した表現の開発が進むものと思われる。

2.2 公差設計による作りやすさを考慮した商品設計へ

従来の公差設計では、2 次元的な公差の積み上げに、統計的な手法を加味して、公差計算を行っていた。3DA モデルでは、アセンブリされているモデルを作成し、3D 公差解析を行うことで、製造性、部品同士の干渉確認、要求仕様を満たすかどうかの確認などを行うことができ、それにより、製品品質の向上を図ることができる。解析計算を行うことで、従来の公差計算（PC での計算を含む）では実現できなかった複雑な部品の組立状態での確認ができるようになった。さらに、工場の実力に応じた公差解析を行うことで、現実的な組立性や製品品質を確保できる。

ただし、3D 公差解析を行うには、幾何公差とサイズ公差での仕様表現が必要である。

2.3 正しく活用できるような環境の構築

幾何公差を使いこなすために、各種の補助ツールによる設計支援も期待できる。モデル作成や寸法指示の操作数を減らすための工夫、誤った指示の未然防止などがある。各自が利用する／している CAD が幾何公差やサイズ公差の指示方法をどの程度サポートしているのか、製造メーカーが製図規格で書かれた3DA モデルを受入れできるのか、3DA モデルの受け渡しに使うデータフォーマットには何を使うのか、そのデータをどのような方法で受け渡すのか、など様々ある。

2.4 形状定義を行うための寸法

2D 図面においては、形状定義のための寸法は、サイズ公差と理論的に正確な寸法（＝TED）の両方を用いて表記する必要がある。しかし、3DA モデルでは、モデルが理論的に正確な寸法でできている形状を表現しているとして、形状定義のための TED を表記省略できる（＝製図工数削減ネタ)。ただし、3DA モデルでは、常に最新の状態を 3DA モデルが表しているように、形状や寸法を管理する必要がある。人が見て形状をわかりやすくするように、参考寸法や TED を表記してもよい。

形状定義のための TED が表記省略できると、寸法指示のための工数が大幅に削減できる。

2.5 普通幾何公差を使うことによるメリット

3DA モデルに普通幾何公差を適用することで、通常得られる加工精度のままでよい形状部分の公差指示を一括指示することで、個別に指示しなければならない寸法を大幅に減らすことができる。この場合、特に精度を要する部位と、測定・

管理を要する部位に限って、個別指示すればよい。

「個別指示した寸法が特に注意すべきであること」が一目でわかるため、わかりやすく、作りやすく、修正しやすくなる。

2.6 測定・評価に活用できる

3DA モデルを用いることで、実物ができあがる前に3DA モデルから測定プログラムを自動作成でき、また、測定結果からその評価を含めた測定結果報告書も自動作成できる。さらに、測定結果を元の 3DA モデルと比較することで、どこが変更されたかを迅速に見つけて評価できる。

第3章 製図規格一般

世界には、主に2種類の製図規格があり、その規格の違いにより解釈が変わる。3DAモデルにおいても基本的には2D製図規格を用いて表す。まだまだ、購入部品の仕様書には2D図面でその仕様が記載されている場合が多い。それらを正しく解釈して各自が設計する製品の3DAモデルが作成できるように、この章では、手描きの規則を除く、基本的な2D図面と3DAモデルに関する製図規格について説明する。

3.1 国際規格（ISO）と日本産業規格（JIS）

国際的な取引を行うには、商品やサービスを**ISO**や**IEC**などの国際規格に適合させる必要がある。**JIS**では、**WTO（世界貿易機関）／TBT協定（貿易の技術的障害に関する協定）**発効に伴い、国際規格との整合が実施されてきている。その詳細は、**日本産業標準調査会ホームページ**（https://www.jisc.go.jp/）の「**国際標準化（ISO/IEC）**」などを参照のこと。

また、3DAモデルに関する**JIS**及びISOには、主に次のような規格がある（**表1**及び**表2**参照）。

表2にはISOの主な3DAモデル規格を示したが、これら以外にも、形体（feature）[4]や当てはめ（association）[5]などの3DAモデルに関係する規格がある。

一方、アメリカには、アメリカ機械学会（American Society of Mechanical Engineers, ASME）が規格制定を行い、国家規格と位置付けられている**ASME**規

表1 JISの3DAモデル規格

JIS B 0060-1	デジタル製品技術文書情報―第1部：総則
JIS B 0060-2	デジタル製品技術文書情報―第2部：用語
JIS B 0060-3	デジタル製品技術文書情報―第3部：3DAモデルにおける設計モデルの表し方
JIS B 0060-4	デジタル製品技術文書情報―第4部：3DAモデルにおける表示要求事項の指示方法―寸法及び公差
JIS B 0060-5	デジタル製品技術文書情報―第5部：3DAモデルにおける幾何公差の指示方法
JIS B 0060-6	デジタル製品技術文書情報―第6部：3DAモデルにおける溶接の指示方法
JIS B 0060-7	デジタル製品技術文書情報―第7部：3DAモデルにおける表面性状の指示方法
JIS B 0060-8	デジタル製品技術文書情報―第8部：3DAモデルにおける非表示要求事項の指示方法
JIS B 0060-9	デジタル製品技術文書情報―第9部：DTPD及び3DAモデルにおける一般事項
JIS B 0060-10	デジタル製品技術文書情報―第10部：組立3DAモデルの表し方

[4] 形体（feature）：形状を構成する点、線、面のこと。3D CADでは形体を使ってモデルを作成する。

[5] 当てはめ（association）：測定データから元の理想的な形状を計算で求める方法をいう。主なものに、最小二乗法、最小領域法、最大内接、最小外接、正接などがある。

表 2 ISO の主な 3DA モデル規格

ISO 16792	Technical product documentation — Digital product definition data practices
ISO 1101	Geometrical product specifications (GPS) — Geometrical tolerancing — Tolerances of form, orientation, location and run-out
ISO 5459	Geometrical product specifications (GPS) — Geometrical tolerancing — Datums and datum systems
ISO 1660	Geometrical product specifications (GPS) — Geometrical tolerancing — Profile tolerancing
ISO 5458	Geometrical product specifications (GPS) — Geometrical tolerancing — Pattern and combined geometrical specification
ISO 2692	Geometrical product specifications (GPS) — Geometrical tolerancing — Maximum material requirement (MMR), least material requirement (LMR) and reciprocity requirement (RPR)
ISO 22081	Geometrical product specifications (GPS) — Geometrical tolerancing — General geometrical specifications and general size specifications

格がある。ASME Y14 規格は、製品開発のライフサイクル全体に渡る規格が制定されている。アメリカも ISO 規格の理事国であり、国際規格化を推進する立場ではあるが、より先進的で実利的な規格開発に重きをおいていると思われる。機械製図における ISO 規格と ASME 規格には類似点もあるが大きな相違点もある。特にサイズの指示への「包絡の条件（envelope requirement）」（ASME では「包絡原理（envelope principle）」という）の適用の有無（ASME はデフォルトで適用、ISO はデフォルトで非適用）が大きく異なるので、図面の解釈において注意が必要である。

アメリカの企業であるボーイング、GE、GM、Xerox、アップル、マイクロソフト、iRobot などは、国家規格である ASME を採用している。それ以外に、企業として、国家規格と異なる製図規格を採用している場合もある。

コラム　世界に混乱をもたらしているASME製図規格

ISO製図とASME製図があることを紹介した。

ASME製図規格を採用している国家は、アメリカ合衆国だけである。

製図規格が発展してくる過程において、アメリカ合衆国の果たしてきた貢献は大きく、ISO製図に対しても大きな影響を与えている。

ただし、国際標準はISO製図であり、アメリカ合衆国もその開発メンバーの一員である。WTOのTBT協定で、国際的な取引において、技術的な障壁を設けてはいけないことになっている。

人によれば、ISO製図とASME製図は、約7割は同じ内容だが、残り約3割の規定や用語が異なっているとされている。

アメリカ合衆国だけとはいっても、ビッグネームの企業がそろっており、英語版のCADシステムやその機能に大きな影を投げかけている。中には、システム開発者が仕様を取り違えて間違った機能や、混乱した機能を実現していたりする。

また、メニューの製図用語もASME製図用語になっていることが多い。

現状、そのような状況を理解したうえで、各種のシステムを利用する必要がある。

〈用語の異なる例〉

- ASME：FCF（Feature Control Frame）⇔ ISO：Tolerance Indicator
- ASME：Basic Dimension ⇔ ISO：TED（Theoretically Exact Dimension）

3.2 製図の一般事項

3.2.1 3DAモデルと2D図面に共通する一般事項

3DAモデルと2D図面に共通する一般事項を、次に列挙する。

・線幅の中心が理論的に正確な位置になる。

・透明な材料で作られる部品の全体または一部分は、不透明なものとして描く。

・長さサイズ公差は、特に指定がない限り、二点測定を行うものとして指示する。

最小二乗サイズを適用する場合は、JIS B 0672-1「形体—第1部：一般用語及

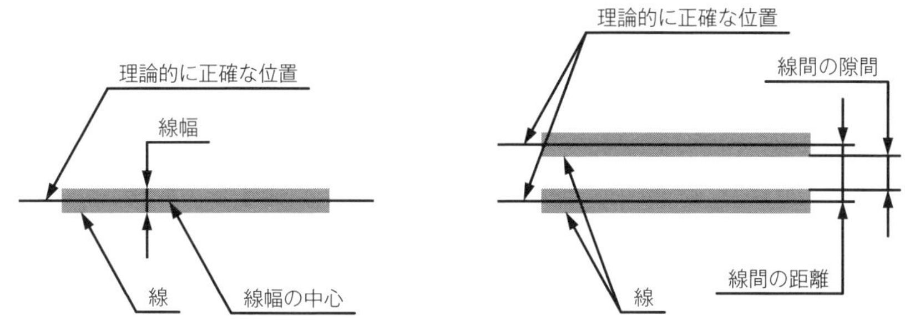

図２ 線の理論的に正確な位置

び定義」に従い、表題欄又は一般注記にその旨を記載する。

・サイズには、特別なもの（参考寸法、TED[6] など）を除いては、直接または一括してその許容限界を指示する。

・サイズ形体には必要に応じてサイズ公差を指示できるが、それ以外の形体には、幾何公差を用いて指示する。

・表面性状の指示は、JIS B 0031「表面性状の図示方法」によって指示する。

・溶接の指示は、JIS Z 3021「溶接記号」によって指示する。

・ねじ、ばねなど特殊な部品は、それぞれの規格を参照して要目表を用いてその仕様を指示する。

・JIS に規定されている製図記号を用いる場合には、特別の注記を必要としない。それ以外の記号を用いる場合は、その記号の意味を図面の適切な箇所に注記する。

3.2.2　3DA モデル固有の一般事項

部品情報を管理するための番号：3DA モデルには、重複のない管理番号を付ける。部品番号や図面番号などの既存の管理番号が既にある場合は、それを管理番号に用いるのがよい。

ISO 7200 では、空白（スペース）やハイフン（-）、スラッシュ（/）、アスタリスク（*）などの特殊文字を含めない16文字以内の英数字を使うのがよいとし

[6] 理論的に正確な寸法（Theoretically Exact Dimension）の略、以下、TED（テッド）という。

ている。

部品仕様を構成する 3DA モデル以外の情報との関連付け：すべての部品仕様を、3DA モデルだけで表現できない場合がある。解析結果、部品構成表、試験結果、材料要件、加工指示書、製造工程表、検査評価結果、設計変更連絡書、製造管理情報および技術標準や規格類などは、それぞれの工程において関連情報として必要な情報となる。必要な時に参照できるように関連付けして管理を行う。

3DA モデルの構成情報：3DA モデルは、**ISO 16792** において、単にモデル(Model) としている。3DA モデルの構成情報を**図 3** に示す。図面では、見落としを防ぐため、その要求仕様が常に見えている必要がある。そのため、形状モデルとその要求仕様をアノテーションとして常に見えるものとして表す。アノテーションとは、寸法や注記や表形式で表すことの多い、要目表や部品構成表や表題欄などの文字情報や記号などのことをいう。形状モデルは、形体（フィーチャ）を

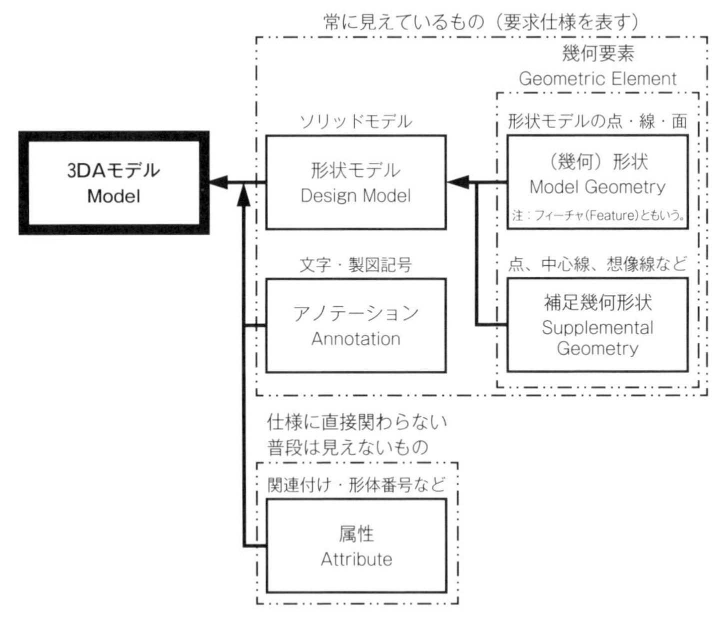

図 3 3DA モデルの構成情報

用いてソリッドモデルで表すが、必要に応じて点や中心線や想像線などの補足幾何形状を用いて補足して表現する。

3DAモデルでは、部品を構成する各形体に、その仕様をアノテーション記述してその形体へ関連付ける。こうしてできたデータの状態のことを「セマンティック（semantic）」ともいう。各形体に仕様が関連付いており、この状態であれば、人が見て解釈でき、また、機械が解釈できる。当分は人が作り、機械が正しく解釈できるかを確認する必要があるため、この両立が必要である。

3DAモデルの一般事項を次に列挙する。

・モデルは常に1：1（現尺）で作成し、ねじや表面性状、表面仕上げの状態など、モデルで表現しにくいものを除き、簡略や省略しないで作る。モデルで表現できない仕様は、アノテーションでその仕様を形体に関連付けて指示する。

・仕様をアノテーションで表す際は、アノテーションを正投影ビューや軸測投影ビューに整理して表す。各ビューに正対したアノテーションプレーンを作成し、アノテーションはアノテーションプレーン上に配置する。各ビューでアノテーションを見る場合に、アノテーションが重ならず、仕様がわかりやすいようにアノテーションを配置する。

・公差やデータムターゲットが指示されていない形体については、モデルからクエリ[7]で取得した値は、参考寸法[8]［(　)寸法（通称、括弧寸法)］とみなす。

・アノテーションは、モデル内に埋まらないように配置する。

・サイズ形体の中心線や中心平面は、寸法指示で必要でなければ表示しなくてよい。

3.2.3　2D図面固有の一般事項

・図形の大きさは、部品の大きさとの間に、正しい比例関係（尺度）を保つように描く。その尺度はあらかじめ決められている中から選ぶ。また、読み誤る恐れがなければ、図の一部または全体について、この比例関係を保たなくてもよい。

---

[7] クエリ（query）とは、質問、照会、問い合わせ、疑問などの意味を持つ英単語であり、CADの操作において、モデルに対して情報の問い合わせや要求などを所定の操作で行い、数値や関連付けのハイライト表示などで結果を得ることをいう。

[8] 丸括弧で括って示す記述は、参考のためであることを表し、仕様又は要求の一部ではないことを表す（7.1参照）。例えば、外形寸法など、主に、人が見てわかりやすくするために用いてもよい。

3.3 図面様式

3.3.1 2D 図面用紙の大きさと様式

・2D 図面用紙の大きさ

―部品の仕様を表すことのできる最小の用紙サイズを選んで用いるのがよい。

―図面用紙の大きさは、JIS で規定されている第 1 優先の A 列サイズを用いるのがよい（**表 3** 参照）。それ以外を用いる場合にも JIS で規定されている他の大きさから選んで用いるのがよい（**JIS Z 8311** 参照）。

・2D 図面の様式

―図面用紙は、長辺を横方向に用いるが、用紙サイズが A4 の場合は縦方向で用いるのがよい。

―図面用紙の周囲には輪郭線［線幅 0.5 mm（最小）の実線］を設ける（**図 4** 参照）。

―図面の輪郭線内の右下隅に表題欄を設ける。表題欄内には、所有者名、図面番号、発行年月日、図面ページ番号、図面名称、承認者の氏名、図面作成者の氏名、公差表示方式、尺度、単位系、投影法などを記入する。

―図面には必要に応じて、部品欄及び変更履歴欄を設けるのがよい。

―図面用紙の周囲には、中心マーク、方向マーク、比較目盛、格子参照方式、及び裁断マークなどを設ける（**図 5** 参照。2D 図面の様式の詳細は、**JIS Z 8311** 参照）。

［備考：複写した図面を折りたたむ場合は、その大きさが、原則として 210×297 mm（用紙サイズの A4）となるように折るのがよい（詳細は、**JIS Z 8311** 附属書参照）。］

表 3 第 1 優先の 2D 図面用紙の大きさ（A 列サイズ）

呼び方	寸法
A0	841×1189
A1	594×841
A2	420×594
A3	297×420
A4	210×297

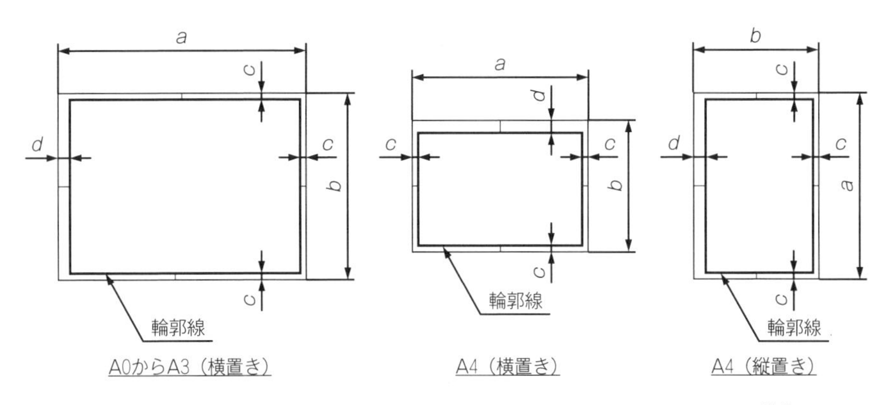

単位：mm

用紙サイズ	c（最小）	d[a)]（最小）	
		綴じない場合	綴じる場合
A0	20	20	20
A1			
A2	10	10	
A3			
A4			
注[a)]　d は、図面の綴じ代として設ける。綴じた際に表題欄が右側に見えるように折りたたむ。			

図 4 用紙サイズと輪郭線

表題欄に関しては、**ISO 7200**“Technical product documentation–Data fields in title blocks and document headers”という国際規格があり、図面の交換や互換性確保を目的として、その要件を定めている。規定されている必須の項目は、著作権者、管理番号（16 文字）、発行日（10 文字）、ページ番号（4 文字）とシート番号（4 文字）、図面名（25 文字ただし 2 バイト文字では 30 文字）、作成者（20 文字）、承認者（20 文字）、図面形式（部品図や組立図などの種別の 30 文字）である。これ以外にオプションの規定がある。**ISO 7200** に基づく、表題欄の例を**図 6** に示す。

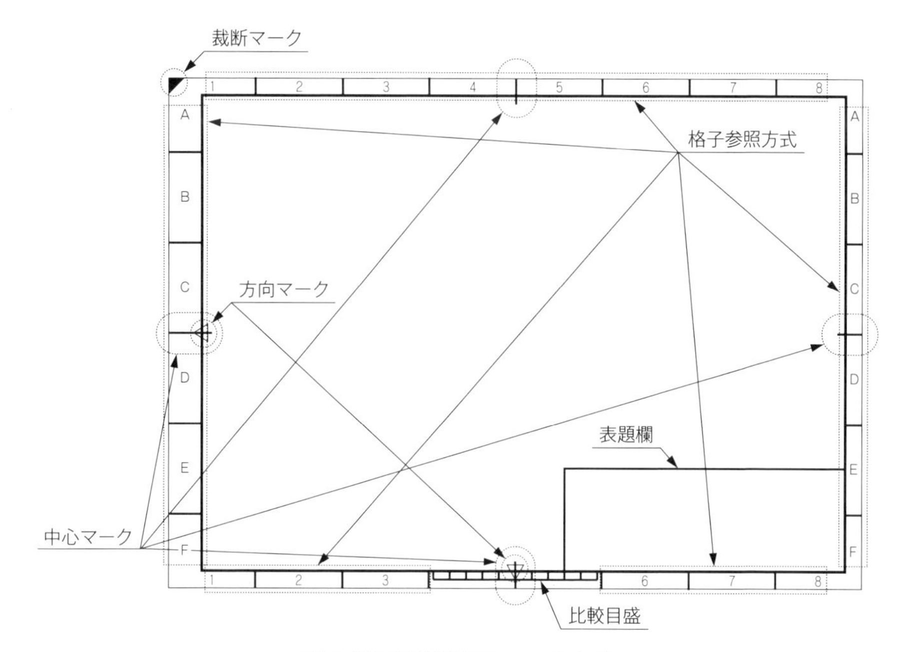

図 5 図面用紙周囲のマークなど

<table>
<tr><td>Responsible dept.
E.W.1-2-3</td><td>Created by
Ian Fleming</td><td colspan="2">Document type
Part drawing</td><td colspan="2">Tolerancing
ISO 8015</td></tr>
<tr><td>Technical reference
Guy Hamilton</td><td>Approved by
Harry Saltzman</td><td colspan="2" rowspan="2">Title, Supplementary title
Aston Martin
DB5-Q</td><td colspan="2">Date of Issue
1964-09-17</td></tr>
<tr><td colspan="2" rowspan="2">Regal owner
EaoN PRODUCTIONS EaonProductions Limited</td><td colspan="2">Document status
Released</td></tr>
<tr><td>Drawing No.
1 4 1965 JPN</td><td>Rev.
G</td><td>Lang.
en</td><td>Sheet/Page
1/1</td></tr>
</table>

図 6 表題欄の例

3.3.2 3DA モデルの図面様式

3DA モデルをどのようなファイル形式で運用管理するかについては、ISO/JIS 規格で決まりがない。ただし、データとしての読み取りやすさや互換性、一義性の確保などに配慮して、ISO 16792 で、いくつかの取り決めがある。次に列挙しておく。

3DA モデルにおける一般事項の取り決め：

・ISO 16792 が参照規格であることを明記する。

・部品仕様を取りまとめる主となる文書[9] または 3DA モデルがどの文書であるかを明確にし、要求仕様を構成する関連文書の所在確認や必要な時に閲覧ができる。

・3DA モデルや関連する資料などを作成したソフトウェア名称とそのバージョンを明記する。

・空白を含まない数字、アルファベットまたは特殊文字のいずれかの組合せで構成する一意となる識別番号（例えば、部品番号）をもつ。

・ISO 7200 及び IEC 82045-2 に従う部品番号や部品名称、著作権者などをもつ。

・ISO 11442 の要件を満たし、データの管理とトレーサビリティを確保しているデータ管理システムを用いる。

アメリカ合衆国国防総省（United States Department of Defense）で調達を行う装備品や軍事品の仕様書の規格を MIL-STD-31000B “DEPARTMENT OF DEFENSE STANDARD PRACTICE TECHNICAL DATA PACKAGES” として運用しており、テクニカルデータパッケージ（“Technical Data Packages”、以下は TDP とする）として、3Di フォーマット（3D-PDF）を採用している。

TDP の形式としては、2D TDP/3D TDP があり、3D TDP には 3D ネイティブモデル／3D ネイティブモデルから作成した 2D 図面／3D ネイティブモデルから作成した 3Di pdf ビュワーデータ／3D ネイティブモデルから作成した中間ファイル（STEP AP242 など）で構成させることができる。詳細は、MIL-STD-31000B を参照。

[9] ISO の GPS 仕様では、文書（Document）が、技術仕様書や図面、3DA モデル、試験報告書、関連規格などの情報全般において、管理や関係者間で交換ができる１つの情報のかたまりを表す用語として用いられている。

第 4 章
線と文字の表し方

製図では、線と文字を使って製品や部品の仕様を表す。これは、2D 製図でも 3DA モデルでも同様である。この章では、線と文字の表し方について説明する。

4.1 線

4.1.1 線の一般事項

・線の太さ

線の太さは、次に示す線幅から、線幅の比率を満たすように選んで用いる。一連の図面では同じ線の太さを用いる。

0.13 mm、0.18 mm、0.25 mm、0.35 mm、0.5 mm、0.7 mm、1 mm、1.4 mm 及び 2 mm

・線幅の種類及び比率

製図で用いる線幅には、細線、太線及び極太線の主に3種類があり、それらの線幅の比率は、一般に1：2：4とする。その他は JIS Z 8312 及び JIS Z 8321 による。

例：細線を 0.25 mm とする場合、太線は 0.5 mm で極太線は 1 mm とする。

4.1.2 線の種類と用途

形状を表すための主な線を**表 4** に、寸法を表すための主な線を**表 5** に示す。

機械製図で用いる線の詳細については、JIS B 0001 を参照する。

4.1.3 線の優先順位

2種類以上の線が重なる場合は、次の優先順位に従い、優先する線が見えるように表す。

優先順位 1：外形線　　太い実線

優先順位 2：かくれ線　　細い破線又は太い破線

優先順位 3：切断線　　細い一点鎖線に端部及び方向を変える部分を短い太い実線で表す

優先順位 4：中心線　　細い一点鎖線

優先順位 5：寸法補助線　　細い実線

表４ 形状を表すための主な線

用途の名称	線の種類	線のイメージ	用途
外形線	太い実線		見える部分の形状を表す
かくれ線	細い破線 又は太い破線		見えない部分の形状を表す
中心線	細い一点鎖線 又は長さが短い場合は細い実線		図形の中心 又は中心の軌跡を表す
基準線			位置の基準を表す
ピッチ線			繰返す形状のピッチを表す
特殊指定線	太い一点鎖線		限定した範囲の境界を表す
想像線	細い二点鎖線		加工前後の形状や隣接する形状などを参考に表す
破断線	波形の細い実線又はジグザグ線		部品の一部の形状を省略する場合に用いる
切断線	細い一点鎖線で端部と屈曲部が短く太い実線		断面位置を指示するために用いる
ハッチング	規則的に並べた細い実線		断面の切断面であることを表す

表５ 寸法を表すための主な線

用途の名称	線の種類	線のイメージ	用途
寸法線	細い実線		サイズ寸法の記入や公差の姿勢を表す線
寸法補助線			サイズ寸法を記入するために図形の稜線をそのまま延長する線
引出線			仕様を表すために図形から端末記号で引き出す線
参照線			引出線から水平につなげて仕様を記載する線

注　その他の線の種類は、JIS Z 8312 又は JIS Z 8321 による。

4.1.4　3DA モデルにおける線

3DA モデルにおいても、2D 製図同様に、4.1.1～4.1.3 の線の規定を用いる。CAD システムで描画機能が実装されているため、画面の表示については、線の設定をあまり気にする必要はなく、紙や PDF などに印刷した際の線幅の設定を確認しておく程度でよい。

4.2 記号

製図では、記号を用いることで、図面の国際的な一義的解釈を容易にしている。ただし、詳細な仕様すべてを表すことはできないので、必要に応じて注記を書く、関連規格の番号を記載する、又は別途資料を添付する。

表 4 長さサイズの主な標準指定条件記号

用途の名称	記号	例
包絡の条件	Ⓔ	32±0.1 Ⓔ
複数の形体指定	形体の数×	3×32±0.1
任意の横断面	ACS	32±0.1ACS
特定の横断面	SCS	32±0.1SCS
形体の任意の限定部分	/（理想的な）長さ	32±0.1/8
連続サイズ形体の公差	CT	3×32±0.1CT
自由状態	Ⓕ	32±0.1 Ⓕ
区間指示	↔	32±0.1A↔B
備考　その他の記号は、JIS B 0420-1 を参照。「7.4 長さサイズ」参照。		

表 5 角度サイズの主な標準指定条件記号

用途の名称	記号	例	
		くさび形	回転体
形体の任意の限定部分	/長さ距離	30°±1°/10	30°±1°/10
	/角度距離	適用せず	30°±1°/10
複数の形体指定	形体の数×	3×30°±3°	3×30°±3°
特定の横断面	SCS	30°±3°SCS	適用せず
連続サイズ形体の公差	CT	3×30°±3°CT	3×30°±3°CT
自由状態	Ⓕ	30°±3°Ⓕ	30°±3°Ⓕ
区間指示	↔	30°±3°A↔B	30°±3°A↔B
備考　その他の記号は、JIS B 0420-3 を参照。「7.5 角度サイズ」参照。			

表 6 長さサイズの主な当てはめ指定条件

条件記号	説明
Ⓛ(LP)	2 点間サイズ
(GG)	最小二乗サイズ（最小二乗当てはめ判定基準による）
(GX)	最大内接サイズ（最大内接当てはめ判定基準による）
(GN)	最小外接サイズ（最小外接当てはめ判定基準による）
(SX)	最大サイズ
(SN)	最小サイズ
備考　指定条件を指定しない ISO 標準指定演算子の長さサイズは、2 点間サイズである。 「7.4 長さサイズ」参照。	

表 7 角度サイズの主な当てはめ指定条件

条件記号	説明
(LG)	最小二乗法の当てはめ判定基準による 2 直線間角度サイズ
(LC)	最小領域法（ミニマックス法）の当てはめ判定基準による 2 直線間角度サイズ
(GG)	最小二乗法の当てはめ判定基準による全体角度サイズ（最小二乗角度サイズ）
(GC)	ミニマックス法の当てはめ判定基準による全体角度サイズ（ミニマックス角度サイズ）
(SX)	最大角度サイズ
(SN)	最小角度サイズ
備考　指定条件のない ISO 標準指定演算子の角度サイズは、2 直線間角度サイズである。 「7.5 角度サイズ」参照。	

表 8 長さサイズと角度サイズの基本的な GPS 指定

基本的な GPS 指定	長さサイズの例	角度サイズの例
図示サイズ±許容差	$32^{+0.1}_{0}$、$\phi32^{+0.15}_{-0.1}$、32±0.1	$32^{\circ}{}^{+1^{\circ}}_{0^{\circ}}$、$32^{\circ}{}^{+1.5^{\circ}}_{-1^{\circ}}$、32°±1°
JIS B 0401-1 の ISO 公差クラス	*54H7*Ⓔ、*φ32h7*Ⓔ、*90F7*Ⓔ	適用できない
上及び下の許容サイズ	32.1　φ32.15　32.1 32 、φ31.9 、31.9	33°　33.5°　33° 32°、31° 、31°
許容限界サイズ	32.1 max、32 min	33°max、32°min
注　ISO では、“32.1 max.”、“32 min.”、“33° max.”、“32° min.” のようにピリオドがつく。 備考　「7.4 長さサイズ」及び「7.5 角度サイズ」参照。		

表 9 幾何特性の記号

仕様	特性	記号	データムの要否
形状公差 (Form)	真直度（Straightness）	―	不要
	平面度（Flatness）	⏥	不要
	真円度（Roundness）	○	不要
	円筒度（Cylindricity）	⌭	不要
	線の輪郭度（Line profile）	⌒	不要
	面の輪郭度（Surface profile）	⌓	不要
姿勢公差 (Orientation)	平行度（Parallelism）	//	必要
	直角度（Perpendicularity）	⊥	必要
	傾斜度（Angularity）	∠	必要
	線の輪郭度（Line profile）	⌒	必要
	面の輪郭度（Surface profile）	⌓	必要
位置公差 (Location)	位置度（Position）	⌖	必要又は不要
	同心度［Concentricity（for centre points)］	◎	必要
	同軸度［Coaxiality（for median lines)］	◎	必要
	対称度（Symmetry）	⌯	必要
	線の輪郭度（Line profile）	⌒	必要
	面の輪郭度（Surface profile）	⌓	必要
振れ公差 (Run-out)	円周振れ（Circular run-out）	↗	必要
	全振れ（Total run-out）	⌰	必要

備考　本書では、これらのうち、主に位置度、線の輪郭度、面の輪郭度について説明している。第10章参照。

表 10 幾何公差の主な記号

用途の名称	記号	説明
実体状態仕様要素（Material condition specification elements）		
最大実体要求 (Maximum material requirement)	Ⓜ	サイズ公差の指示に最大実体公差方式を適用する。
最小実体要求 (Least material requirement)	Ⓛ	サイズ公差の指示に最小実体公差方式を適用する。
状態仕様要素（State specification element）		
自由状態（非剛性部品） [Free state condition (non-rigid parts)]	Ⓕ	自重や重力で容易に変形してしまう部品に適用する。
データムに関連する記号（Datum related symbols）		
データム形体指示記号 (Datum feature indicator)	A a	データム形体に適用する指示記号。ラテン文字の大文字（A、B、C、AA など）を用いる。
データムターゲット枠 (Single datum target frame)	ϕ1 A1 a	単一の形体の一部（点、線、領域）だけをデータム形体に設定する場合に指示する。
可動データムターゲット枠 (Movable datum target frame)	ϕ1 A1 a	データムターゲットの位置が固定されていない場合に用いる。
データムターゲット点 (Datum target point)	×	データムターゲットが点の場合にその位置を示す。
開いたデータムターゲット線 (Non-closed datum target line)	×⋯–⋯×	データムターゲットが開いた線の場合にその位置を示す。
閉じたデータムターゲット線 (Closed datum target line)		データムターゲットが閉じた線の場合にその大きさと位置を示す。
データムターゲット領域 (Datum target area)		データムターゲットが領域の場合にその大きさと位置を示す。
姿勢拘束限定記号 (Orientation constraint only)	><	位置公差で参照するデータムが位置を拘束せず姿勢だけを拘束する場合に用いる。

注記[a] これらの指示で用いている記号や文字は、指示例である。
備考　その他の記号は、ISO 1101、ISO 5458、ISO 5459 を参照。
データムについては第 9 章、実体状態仕様については第 11 章を参照。

表 11 公差付き形体に指示する幾何公差の記号

用途の名称	記号	説明
公差記入枠（Tolerance indicator）		
データム区画のない幾何仕様指示 (Geometrical specification indication without datum section)	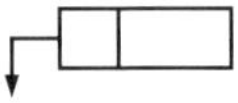	形状公差の指示に用いる。
データム区画のある幾何仕様指示 (Geometrical specification indication with datums section)	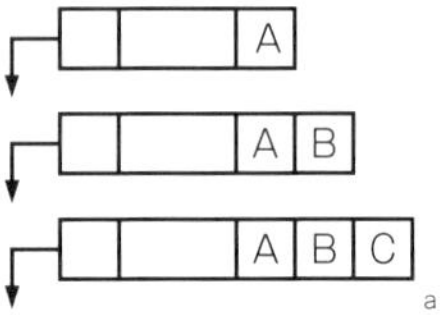 A A B A B C a	姿勢公差と位置公差の指示に用いる。
補足形体指示記号（Auxiliary feature indicator）		
インターセクションプレーン指示記号 (Intersection plane indicator)	 // A a	面上に真直度や線の輪郭度を指示する際にその適用姿勢を示す。
オリエンテーションプレーン指示記号 (Orientation plane indicator)	 // A a	公差付き形体が中心点や中心軸線の場合の幅公差を適用する姿勢や中心点に円筒公差域を適用する姿勢や他の形体により公差域を適用する姿勢を指示する場合に用いる。
ディレクションフィーチャ指示記号 (Direction feature indicator)	 // A a	円筒面や球面に面直方向ではない指定角度方向に、幅公差を適用する姿勢を指示する場合に用いる。
コレクションプレーン指示記号 (Collection plane indicator)	 // A a	全周記号を指示する際にその適用姿勢を示す。
理論的に正確な寸法記号（Theoretically exact dimension symbol）		
理論的に正確な寸法（TED）	 32 a	幾何公差で形状の大きさやその位置を指示、指定範囲やデータムターゲットの大きさやその位置の指示などに用いる。

注記a これらの指示で用いている記号や文字は、指示例である。
備考 その他の記号は、ISO 1101 を参照。公差記入枠については第8章、補足形体指示記号については付録 A.5 を参照。

表 12 幾何特性の主な付加記号

用途の名称	記号
コンビネーション仕様（Combination specification elements）	
コンバインドゾーン（Combined zone）	CZ
セパレートゾーン（Separate zones）	SZ
不均等公差域（Unequal zone specification elements）	
指示あり公差域オフセット（Specified tolerance zone offset）	UZ
拘束仕様（Constraint specification elements）	
指示なし長さ公差域オフセット [Unspecified linear tolerance zone offset (offset zone)]	OZ
指示なし角度公差域オフセット [Unspecified angular tolerance zone offset (variable angle)]	VA
当てはめ公差付き形体（Associated toleranced feature specification elements）	
ミニマックス形体［Minimax（Chebyshev）feature］　※最小領域法	Ⓒ
最小二乗形体［Least squares（Gaussian）feature］	Ⓖ
最小外接形体（Minimum circumscribed feature）	Ⓝ
最大内接形体（Maximum inscribed feature）	Ⓧ
正接形体（Tangent feature）	Ⓣ
誘導公差付き形体（Derived tolerance feature specification elements）	
誘導形体（Derived feature）	Ⓐ
突出公差域（Projected tolerance zone）	Ⓟ
公差付き形体指示（Toleranced feature identifiers）	
区間指示（Between）	↔
ユナイテッドフィーチャ（United feature）	UF
おねじの歯底円、めねじの歯先円など（Minor diameter）	LD
おねじの歯先円、めねじの歯底円など（Major diameter）	MD
ねじの有効径（Pitch diameter）	PD
全周記号［All around (profile)］	
全面記号［All over (profile)］	
備考　その他の記号は、ISO 1101 を参照。第 8 章及び第 10 章を参照。	

記号については、2D製図規格と3DAモデルで共通して使用するものが多い。

また、近年（2016年）、JIS製図規格が長年、ISOの規格更新に追従できていなかった状態が解消されはじめており、製図の考え方が現代風に変わり、さらに、新しい記号が数多く導入されている。長さサイズおよび角度サイズについては、ISOに追いついたが、幾何公差についてはこれから追いつくものと思われる。

3DAモデルを人が見て正しく解釈してその仕様が伝わるだけではなく、機械がその表現通りに正しく解釈して加工や測定を実行できるようになる世界へ向けて、技術革新が進んでいる。

表13から**表20**は、第13章を参照。

表13 表面性状の図示記号

基本図示記号	除去加工をする場合	除去加工をしない場合

表14 要求仕様を指示する場合の表面性状の図示記号と文字記号

	除去加工の有無を問わない場合	除去加工をする場合	除去加工をしない場合
図示記号			
文字記号	APA (Any Process Allowed)	MMR (Material Removal Requirement)	NMR (No Material Removed)

表15 部品一周の全周記号とその図示例

部品一周の全周記号	図示例	図示例の解釈

表 16 フィルタ処理と当てはめ方法の標準指示記号

記号	定義	適用範囲
FC	形状当てはめ基準	形状公差
TF	公差付き形体フィルタ	すべての幾何偏差
TFF	公差付き形体、形状、フィルタ	形状公差
TFO	公差付き形体、姿勢、フィルタ	姿勢公差
TFL	公差付き形体、位置、フィルタ	位置公差

表 17 表面性状の図示記号への要求仕様の指示位置

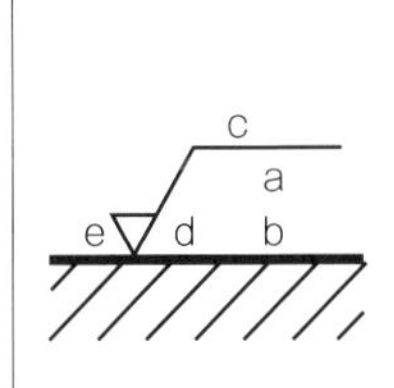

a：表面性状パラメータ記号と通過帯域又は基準長さ
要求事項が 1 つの場合。パラメータ記号とその値の間には半角スペースを 2 つ挿入する。
b：複数パラメータを要求するときの二番目以降のパラメータ指示
要求事項が 2 つ以上の場合。3 つ以上の場合は b の下に行を増やす。
c：加工方法、表面処理、塗装など
例）旋削（turned）、研削（ground）、めっき（plated）
d：筋目とその方向（=、⊥、X、M、C、R、P）（表 20 参照）
e：削り代［mm］（加工後の状態が図示されている場合のみ）

4.3 文字と文章

・文字の種類

―漢字は常用漢字表によるのがよい。16画以上の漢字はできる限り仮名書きとする。

［備考：常用漢字表の詳細については、文化庁「国語施策・日本語教育」（https://www.bunka.go.jp/）参照］

―平仮名または片仮名のいずれかを用いる。一連の図面では混用しない。ただし、外来語、動植物の学術名、注意を促す表記に片仮名を用いることとして、それは混用とはみなさない。

例）外来語：エッジ、テーパ、ピッチ、タップ、ダイス、ボルト、ナット、ピ

表 18 表面性状パラメータの分類と記号

分類の名称とパラメータ	記号		
	断面曲線	粗さ曲線	うねり曲線
高さ方向のパラメータ（山及び谷）			
最大山高さ—基準長さにおける輪郭曲線の山高さ Zp の最大値	*Pp*	*Rp*	*Wp*
最大谷深さ—基準長さにおける輪郭曲線の谷深さ Zv の最大値	*Pv*	*Rv*	*Wv*
最大高さ—基準長さにおける輪郭曲線の最大山高さ Zp と最大谷深さ Zv との和	*Pz*	*Rz*	*Wz*
平均高さ—基準長さにおける輪郭曲線要素の高さ Zt の平均値	*Pc*	*Rc*	*Wc*
最大断面高さ—評価長さにおける輪郭曲線の山高さ Zp の最大値と谷深さ Zv の最大値の和	*Pt*	*Rt*	*Wt*
高さ方向のパラメータ（高さ方向の平均）			
算術平均高さ—基準長さにおける Z(X)の絶対値の平均	*Pa*	*Ra*	*Wa*
二乗平均平方根高さ—基準長さにおける Z(X)の二乗平均平方根	*Pq*	*Rq*	*Wq*
スキューネス—Pq、Rq、Wq の三乗によって無次元化した基準長さにおける Z(X)の三乗平均	*Psk*	*Rsk*	*Wsk*
クルトシス—Pq、Rq、Wq の四乗によって無次元化した基準長さにおける Z(X)の四乗平均	*Pkn*	*Rkn*	*Wkn*
複合パラメータ			
二乗平均平方根傾斜—基準長さにおける局部傾斜 dz/dx の二乗平均平方根	$P\Delta q$	$R\Delta q$	$W\Delta q$
横方向のパラメータ			
平均長さ—基準長さにおける輪郭曲線要素の長さ Xs の平均	*PSm*	*RSm*	*WSm*
JIS だけのパラメータ			
十点平均粗さ—カットオフ値 λS の位相補償帯域通過フィルタを適用して得た基準長さの粗さ曲線において最高の山頂から高い順に 5 番目までの山高さの平均と最深の谷深さから深い順に 5 番目までの谷深さの平均との和	—	Rz_{JIS}	—
中心線平均粗さ—測定曲線に減衰率 12 db/oct でカットオフ値 λC のアナログ高域フィルタを適用して得られた曲線で平均線からの偏差で表した粗さ曲線（75 %）を用いて得られる算術平均高さ	—	Ra_{75}	—
負荷曲線と確率密度関数に関するパラメータ			
負荷長さ率—評価長さに対するレベル c における輪郭曲線要素の負荷長さ Ml(c)の比率	*Pmr*(c)	*Rmr*(c)	*Wmr*(c)
切断レベル差—与えられた負荷長さ率の二つの切断レベルの間の垂直の距離	$P\delta c$	$R\delta c$	$W\delta c$
相対負荷長さ率—基準とする切断レベル c0 と輪郭曲線の切断レベル Rδc によって決まる負荷長さ率	*Pmr*	*Rmr*	*Wmr*

表 19 加工方法と得られる表面性状

加工方法と加工方法記号			一般的な加工で得られる粗さの範囲と、特別な条件下で得られる粗さの範囲 [μm]												
加工方法	加工方法記号 (JIS B 0122 参照)	Rz / Ry	200	100	50	25	12.5	6.3	3.2	1.6	0.8	0.4	0.2	0.1	0.05
		Ra	50	25	12.5	6.3	3.2	1.6	0.8	0.4	0.2	0.1	0.05	0.025	0.012
平削り	P (Planning)														
型削り	SH(Shaping)														
穴あけ(きりもみ)	D(Drilling)														
放電加工	SPED(Electric Discharge Machining)														
フライス削り	M(Milling)														
ブローチ削り	BR(Broaching)														
リーマ仕上げ	DR(Reaming)														
中ぐり	B(Boring)														
バレル研磨	SPBR(Barrel Finishing)														
電解研摩	SPE(Electrolytie Polishing)														
バニシ仕上げ	RLB(Burnishing)														
研削	G(Grinding)														
ホーニング	GH(Honing)														
つや出し	FP(Polishing)														
ラップ仕上げ	FL(Lapping)														
超仕上げ	GSP(Super Finishing)														
砂型鋳物	CS(Sand Mold Casting)														
熱間圧延	R(Hot Rolling) ※熱間圧延の記号なし														
鍛造	F(Forging)														
押出し	E(Extruding)														
冷間圧延	R(Cold Rolling) ※冷間圧延の記号なし														
引抜き	D(Drawing on Drawbench)														
ダイカスト	CD(Die Casting)														

黒皮を除く程度
粗い仕上げ面
並級の仕上げ面
上級の機械仕上げ面
精密な機械仕上げ面
非常に精密な機械仕上げ面

ン、リベット、ボタン

注意を促す表記：板金加工のダレ、バリ、カエリ、カタカタ音

—ラテン文字[10]、数字及び記号の書体は A 形書体、B 形書体、CA 形書体又は CB 形書体のいずれかの直立体又は斜体を用い、混用はしない。ただし、量記号は斜体、単位記号は直立体を用いる（製図の文字の規格の詳細は、JIS Z 8313 シリーズを参照）。

10　ラテン文字は、ラテン語などを表記するためのアルファベットのことをいう。「ローマ字」は、ラテン文字の別名だが、日本語をラテン文字で表す表記法もローマ字という。

表 20 筋目方向の記号と説明

記号	説明	解釈
=	筋目の方向が**指示に平行** 例：形削り面、旋削面、研削面	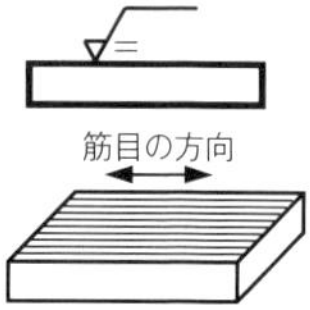 筋目の方向
⊥	筋目の方向が**指示に直角** 例：形削り面、旋削面、研削面	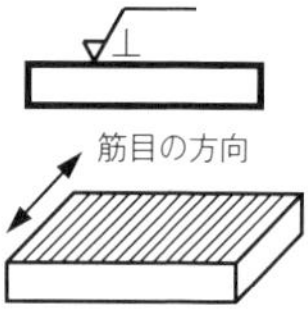 筋目の方向
×	筋目の方向が**指示に斜めで二方向に交差** 例：ホーニング面	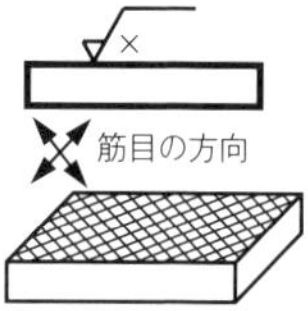 筋目の方向
M	筋目の方向が**多方向に交差** 例：正面フライス削り面、エンドミル削り面	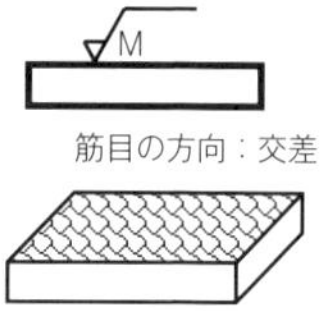 筋目の方向：交差
C	筋目の方向が**指示面の中心にほぼ同心円状** 例：正面旋削面	 筋目の方向：同心円状
R	筋目の方向が**指示面の中心にほぼ放射状** 例：端面研削面	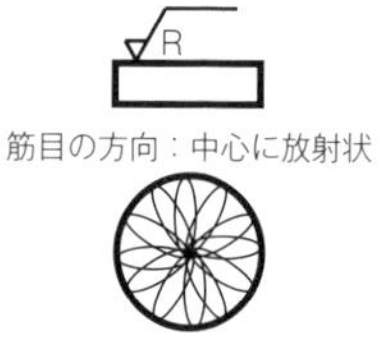 筋目の方向：中心に放射状
P	筋目に**方向がなく、粒子状の微小なくぼみ又は微小な突起** 例：放電加工面、超仕上げ面、ブラスチング面	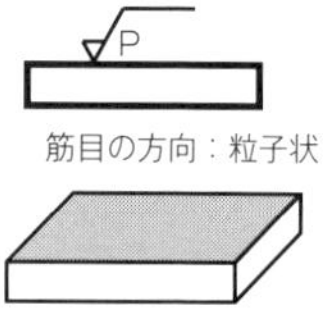 筋目の方向：粒子状

・文字高さ

—漢字の文字高さ：(呼び) 3.5、5、7 及び 10 mm。

—仮名の文字高さ：(呼び) 2.5、3.5、5、7 及び 10 mm。

—ラテン文字、数字及び記号の文字高さ：(呼び) 2.5、3.5、5、7 及び 10 mm。

・文章表現

—口語体で左横書きとする。必要に応じて分かち書き[11] とする。

—注記は、簡潔明瞭に書く。

---

[11] 「分かち書き」とは、明瞭で読みやすくするために、語と語の間や、文節と文節との間を１字分空けて書くことをいう。

第5章
投影法と図形の表し方

製品仕様や部品仕様を正しく解釈するには、投影図の活用が欠かせない。3DAモデルにおいても2D製図規格同様に投影法を用いて表す。この章では、2D図面と3DAモデルに関する投影法と図形の表し方について説明する。2D図面を製図し、2D図面を確認する必要性を考慮して、一部に3DAモデルでは用いない投影法も紹介する。

5.1 投影法とビュー

5.1.1 投影法の一般事項

・3DA モデルでは投影法を用いないが、正投影ビュー及び軸測投影ビューに整理して表現する。

・2D 図面では、JIS の基本は第三角法による。必要に応じて第一角法や矢示法（やしほう）を用いてもよい。

［備考：日本（JIS）とアメリカ（ASME）とカナダなどの機械製図は、第三角法を基本とするが、ヨーロッパおよび国際規格（ISO）などの機械製図は、第一角法を基本としている。また、日本においても建築製図や船舶製図では、第一角法を基本とする。特に海外から入手した図面を解釈する場合は、企業により採用している投影法や製図規格が異なる場合があるため、表題欄の公差表示方式欄や投影法欄を確認するのがよい。］

―投影図の名称（図 7 参照）

a 方向の投影＝正面図

b 方向の投影＝平面図

c 方向の投影＝左側面図

d 方向の投影＝右側面図

e 方向の投影＝下面図

f 方向の投影＝背面図

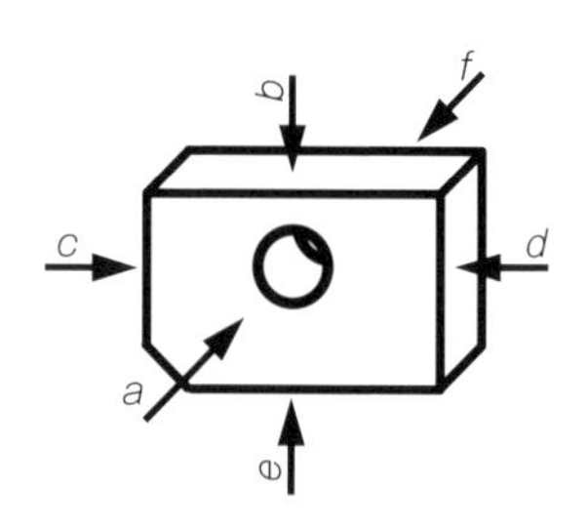

図 7 投影図を見る方向

5.1.2　第三角法（2D 図面）

正面図（主投影図）(a)を基準として（相互の関係が 90° をなす）他の投影図を次のように配置する（**図 8** 参照）。

平面図(b)：上側

下面図(e)：下側

左側面図(c)：左側

右側面図(d)：右側

背面図(f)：必要に応じて、左側面図の左側又は右側面図の右側に配置する。

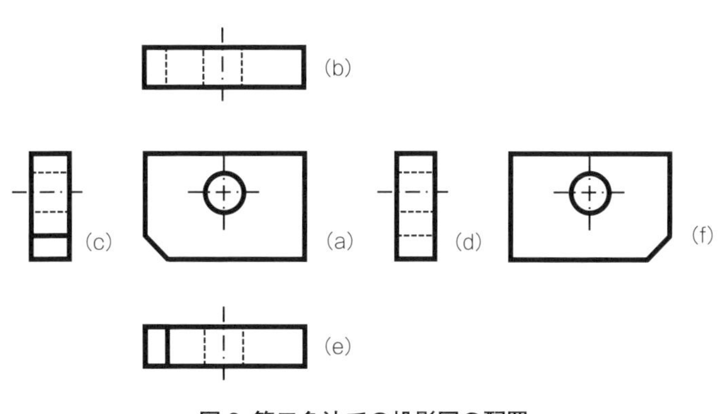

図 8 第三角法での投影図の配置

[備考：図 8 は、背面図を右側に配置した例である。第三角法を適用する場合は、表題欄の投影法欄に第三角法の図記号を示す（**図 9** 参照）。図記号の詳細については、JIS Z 8315-2 附属書 A を参照。]

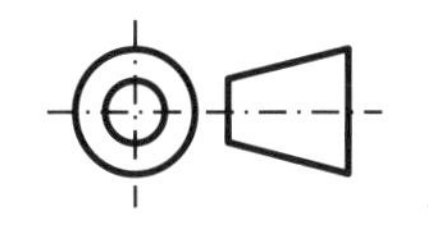

図 9 第三角法の図記号

5.1.3　第一角法（2D 図面）

正面図（主投影図）(a)を基準として（相互の関係が 90° をなす）他の投影図を次のように配置する（**図 10** 参照）。

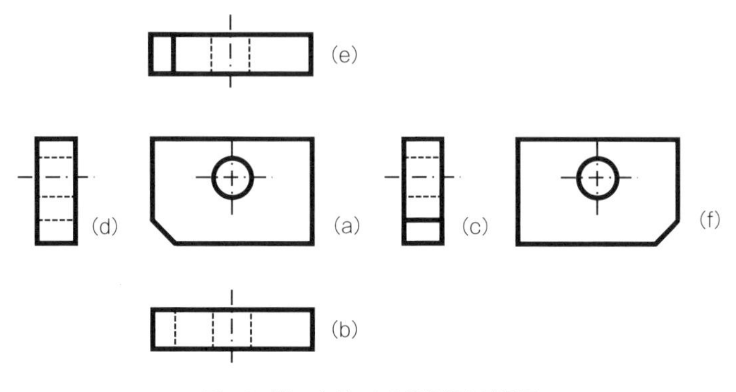

図 10 第一角法での投影図の配置

平面図(b)：下側

下面図(e)：上側

左側面図(c)：右側

右側面図(d)：左側

背面図(f)：必要に応じて、左側面図の右側又は右側面図の左側に配置する。

[備考：図 10 は、背面図を右側に配置した例である。第一角法を適用する場合は、表題欄の投影法欄に第一角法の図記号を示す（**図 11** 参照）。図記号の詳細については、**JIS Z 8315-2** 附属書 A を参照。]

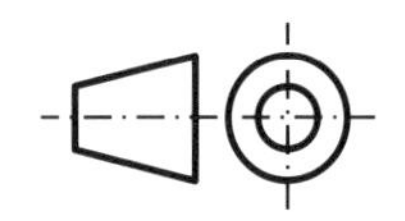

図 11 第一角法の図記号

5.1.4 矢示法

矢示法を用いる場合は、主投影図に矢印を用いて特定の方向から見た投影図を、主投影図の位置や向きなどに関係なく、任意の位置に配置する。主投影図に矢印を示した近傍に配置するとわかりやすい。その矢印の近くに識別文字を記載し、矢示法の投影図の真下か真上のどちらかに同じ識別文字を記載することで対応関係を示す（**図 12** 参照）。

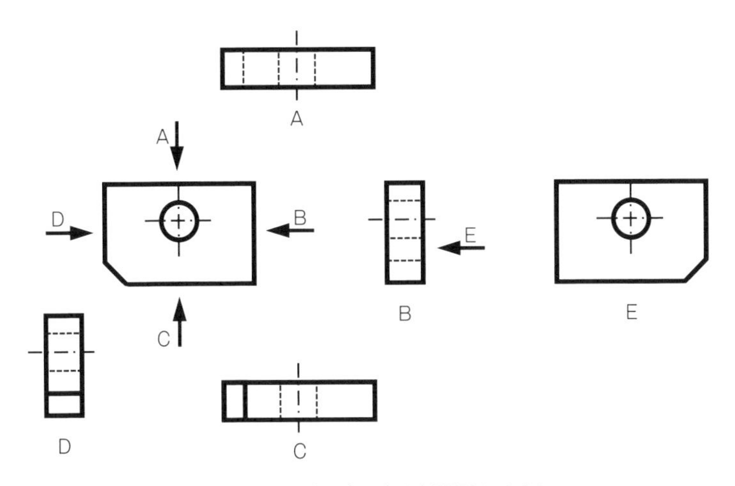

図12 矢示法で投影図を配置した例

5.1.5　その他の投影法

その他の投影法：部品の形状を正しく解釈しやすくするために、立体図を描く必要がある場合には、軸測投影、透視投影などを用いて描いてもよい。

5.2　2D図面の尺度（スケール）

・尺度は、A：Bで表す（A：図面に描いた図形の長さ、B：部品の実際の長さ）。
・2D図面の尺度は、推奨尺度から選ぶのがよい（**表21**参照）。
・1枚の図面内に複数の尺度を用いる場合は、主の尺度を表題欄の尺度欄に記載する。その他のすべての尺度は関係する図の記号や照合番号の近くに記載する。

表21 2D図面の推奨尺度

種別	推奨尺度					
現尺	1：1					
倍尺	50：1	20：1	10：1	5：1	2：1	
縮尺	1：2	1：5	1：10	1：20	1：50	1：100
	1：200	1：500	1：1000	1：2000	1：5000	1：10000

図形が寸法に比例しない場合は、それを適切な箇所に記載する。

・小さな部品を大きい尺度で描いた場合は、参考に、現尺の図を書き加えるのがよい。この場合には、現尺の図は、簡略図として部品の外形を外形線（太い実線）だけで表すのがよい。

5.3 図形の表し方の一般事項

5.3.1 投影図の一般事項

—最も部品の特徴を表す方向の投影図を主投影図又は正面図に選定する。3DA モデルでは主投影ビューまたは正面ビューという（以下では括弧を付けて添え書きする）。

—完全に部品の要求仕様を表現するために他の投影図（投影ビュー）が必要な場合には、必要かつ十分な投影図や断面図（断面ビュー）を用いる。

—可能な限り、隠れた外形線やエッジを隠れ線（細い破線又は太い破線）で表現する必要のない投影図（投影ビュー）を選ぶ。

—2D 図面では、不必要な細部形状の繰返しを避けて図形を省略や簡略を行う。3DA モデルでは、そのまま他の工程で活用する場合に誤りが生じないように、形状の省略や簡略は行わない。

5.3.2 主投影図（主投影ビュー）

—主投影図（主投影ビュー）には、部品の形状・機能を最も明瞭に表す投影図（投影ビュー）を選択する。

主として機能を表す組立図では、使用する状態を選択する。

部品の加工図では、加工工程をよく表す状態を選択する。

特別の理由がない場合には、部品を横長に置いた状態で部品の固定部を左側に、加工部を右側にするのがよい。

—主投影図だけで部品の要求仕様を完全に表現できる場合は、他の投影図（投影ビュー）や断面図（断面ビュー）を用いなくてもよい。

―2D 図面では、関連する図の配置は、なるべく隠れ線（細い破線又は太い破線）を用いなくて済むようにする。

5.3.3　部分投影図（3DA モデルでは用いない）

図の一部分を示せば理解できる場合には、その必要な部分だけを部分投影図として表す。省いた形状との境界は、破断線（波形の細い実線）で示す（**図 13** 参照）。ただし、明確な場合は、破断線を省略してもよい。

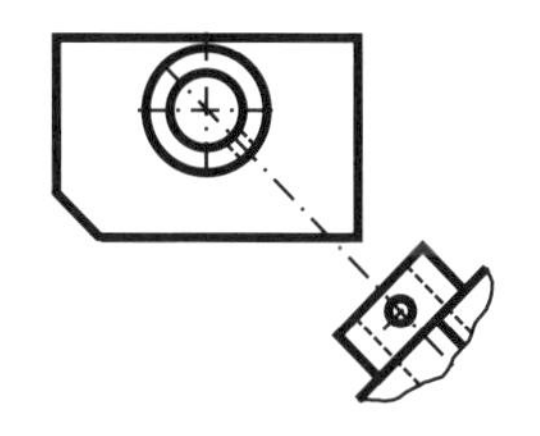

図 13　部分投影図の図示例

5.3.4　局部投影図（3DA モデルでは用いない）

部品の穴、溝などの局部だけの形を図示すれば理解できる場合は、その必要部分を局部投影図として表す。投影関係を表すために、お互いを中心線（細い一点鎖線）、基準線（細い一点鎖線）、寸法補助線（細い実線）などで結ぶ（**図 14** 参照）。

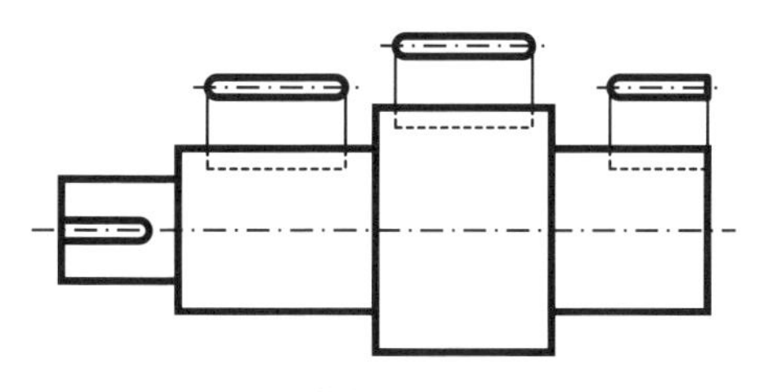

図 14　局部投影図の図示例

5.3.5　部分拡大図（3DA モデルでは用いない）

特定の部分の図形が小さく、詳細を表現できない場合は、その特定の部分を別

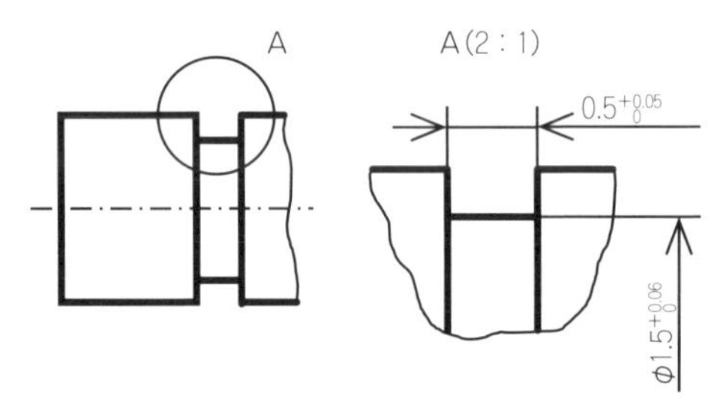

図 15 部分拡大図の図示例

の図として拡大して描き、その特定の部分を特殊な用途の線（細い実線）で囲み、ラテン文字の大文字の識別文字と尺度を示す（図 15 参照）。

5.3.6 回転投影図（3DA モデルでは用いない）

特定の部分を回転して、その形状を図示してもよい。見誤る恐れがある場合は、作図に用いた線（細い実線）を残す（図 16 参照）。

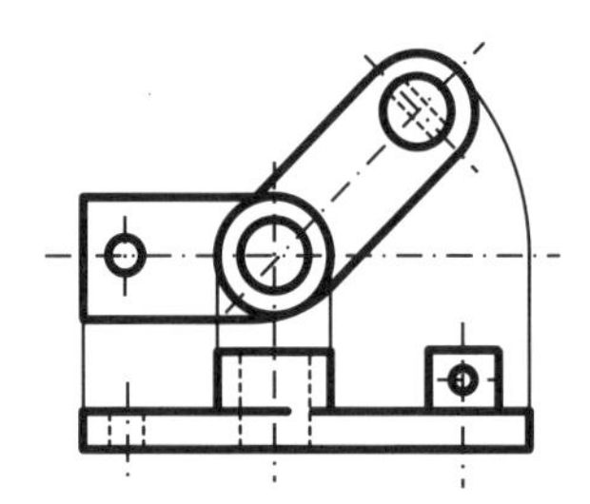

図 16 作図線の残した回転投影図の図示例

5.3.7 補助投影図（3DA モデルでは用いない）

斜面部がある部品で、その斜面の形状を表す必要がある場合は、補助投影図で表す。

—斜面に対向する位置に補助投影図として表す。この場合、必要な部分だけを部分投影図又は局部投影図で表してもよい（図 17 参照）。

—図面の配置の関係で、補助投影図を斜面に対向する位置に配置できない場合は、矢示法を用いて表す。あるいは折り曲げた中心線（細い一点鎖線）で結び、そ

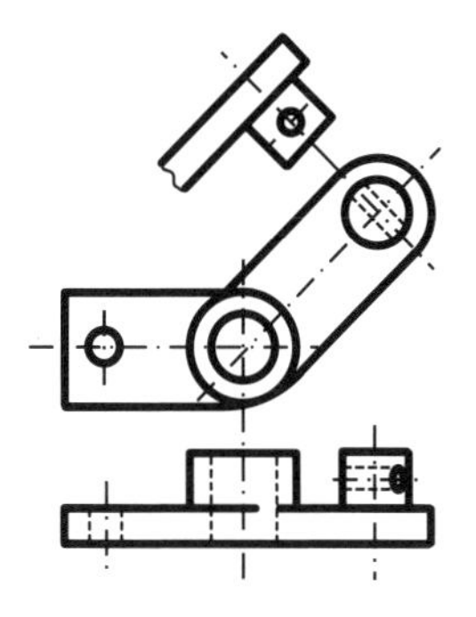

図 17 補助投影図の図示例

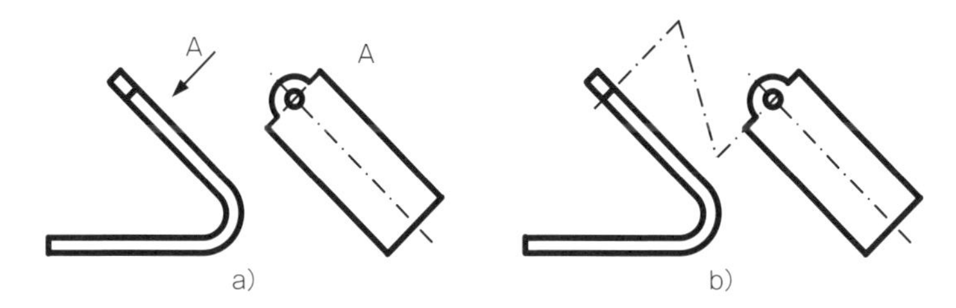

図 18 補助投影図を用いた図示例

の配置関係を表してもよい（図 18 参照）。

補助投影図の配置をわかりやすくするために、元の形状のなるべく近くに配置するのがよい。配置関係がわかりにくい場合は、識別文字のそれぞれに元の形状の位置を図面の格子参照方式の区域の文字および数字を付記する。

5.4 断面図

5.4.1 断面図の一般原則

—隠れた部分をわかりやすく表すために、断面図（断面ビュー）を用いてもよい。

—部品を切断することで逆にわかりにくくなる場合、または切断する意味がない場合は断面図（断面ビュー）としない。

—切断面の位置を指示する必要がある場合は、切断線（細い一点鎖線で端部と屈

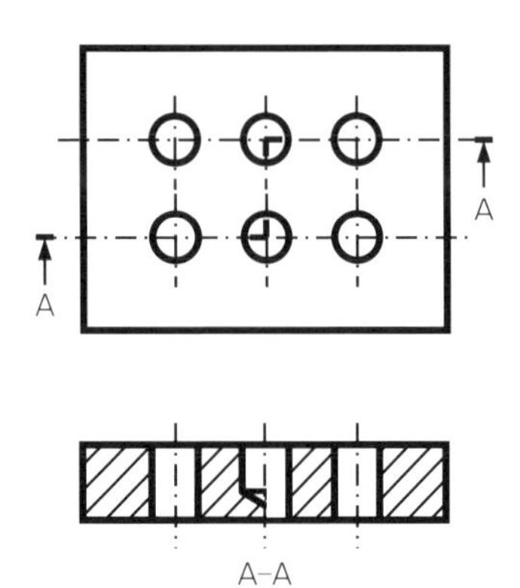

図 19　階段状の切断面の図示例

曲部が短い太い実線）を用いて切断位置を示し、矢印でその投影方向を示す。識別する場合は、ラテン文字の大文字で識別文字を表し、矢印の端に付記し、その断面図の真下か真上に識別文字を示す（図 19 参照）。

—切断面の切り口に、ハッチングを施す場合は、細い実線で角度 45° とするのがよい（図 19 参照）。ハッチングで材料を示す場合は特殊な模様のハッチングを施してもよい。その意味を注記で示す。組立図で同一部品の切断面が複数個所にある場合は、同じ部品であることを表すために、同一の線の角度のハッチングを施す。ただし、同じ部品であっても、切断面が階段状であり、各段を区別する場合は、ハッチングの位置をずらしてもよい。

—組立図などにおいて、隣接する部品の切断面が連なる場合は、部品を区別するために、ハッチングを施す際の線の向き、角度、又はその間隔を変える（図 19 参照）。

5.4.2　全断面図（全断面ビュー）：（2D 図面及び 3DA モデルで用いる）

3DA モデルでは、利用する CAD 機能によるが、基本的には全断面ビューを用いる。

—部品の仕様を表すために、必要であれば 1 か所の位置を決めて一つの切断平面での全断面図（全断面ビュー）を用いる。全断面図（全断面ビュー）は、切断面の位置が明確であれば、切断線を用いなくてもよい。

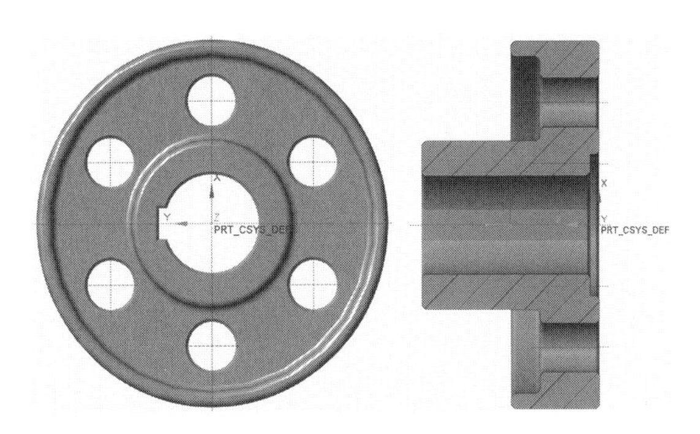

図 20 全断面の図示例
(3DA モデルによる全断面ビュー)

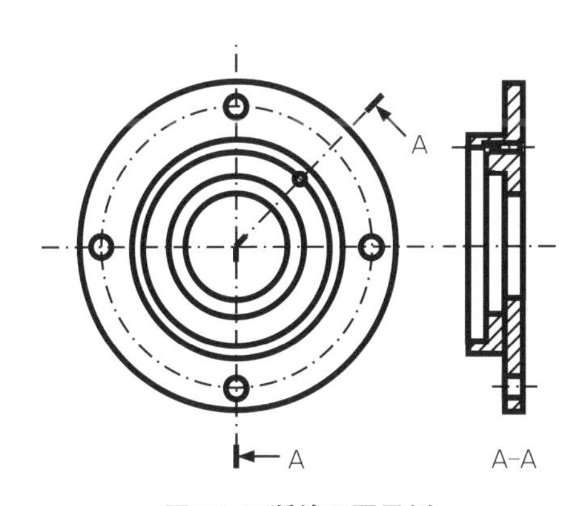

図 21 切断線の図示例

―特定の部分の仕様であることを表すために、切断位置を切断線（細い一点鎖線で端部と屈曲部が短い太い実線）で指示して表してもよい（図 21 参照）。

5.4.3　片側断面図：(3DA モデルでは用いない)

対称形の部品は、中心線（細い一点鎖線）をはさんで、外形図の半分と断面図の半分を組み合わせて表してもよい（図 22 参照）。

5.4.4　部分断面図：(3DA モデルでは用いない)

外形図の一部分だけを断面図にする場合は、その境界を破断線（波形の細い実線）で表す（図 23 参照）。

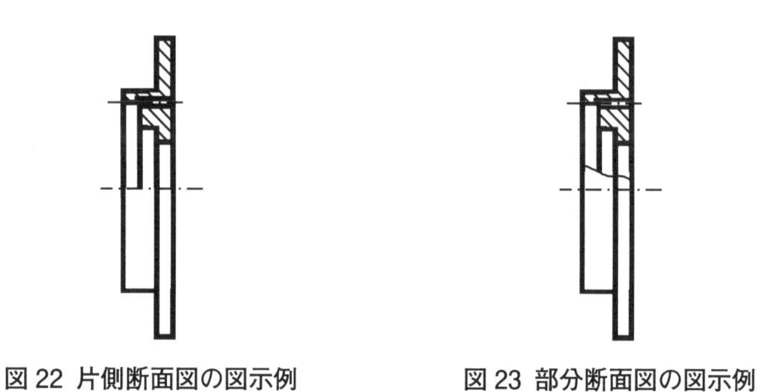

図 22 片側断面図の図示例　　図 23 部分断面図の図示例

5.4.5　回転図示断面図：(3DA モデルでは用いない)

ハンドル、ホイール、エンジンのアームロッドなどのアーム、リム、リブ、フック、軸、及び構造物の部材などの切り口を断面図として表す場合は、90 度回転した断面図で表してもよい。

—切断面の位置の前後に破断線（波形の細い実線）を用いて形状を分割し、その間に断面図を表してもよい（図 24 参照)。

—切断線（細い一点鎖線で端部と屈曲部が短い太い実線）の延長線上に断面図を表してもよい（図 25 参照)。

—図面内の切断面の位置に重ねて、回転断面線（細い実線）を用いて表してもよい。(図 26 参照)

5.4.6　組み合わせによる断面図：(3DA モデルでは用いない)

複数の切断面を用いて断面図を組み合わせる場合は、次の方法による。なお、切断線（細い一点鎖線で端部と屈曲部が短い太い実線）と共に切断面を表す方向を矢印及び識別文字を記載する。

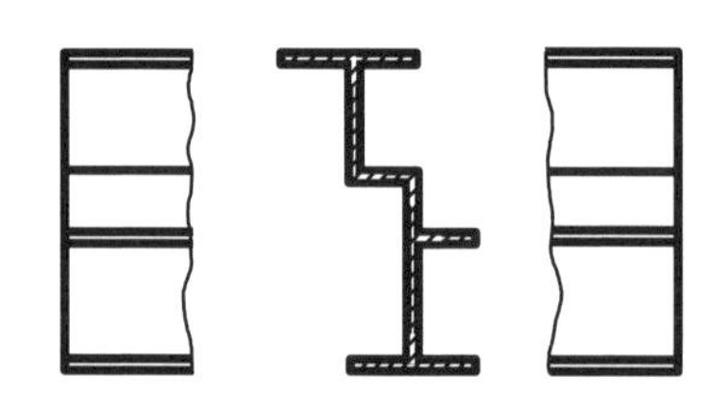

図 24 回転図示断面図の図示例（破断）

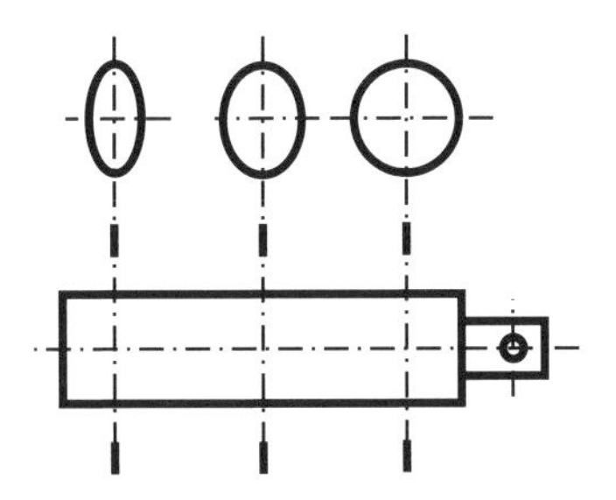

図 25 回転図示断面図の図示例（延長線上）

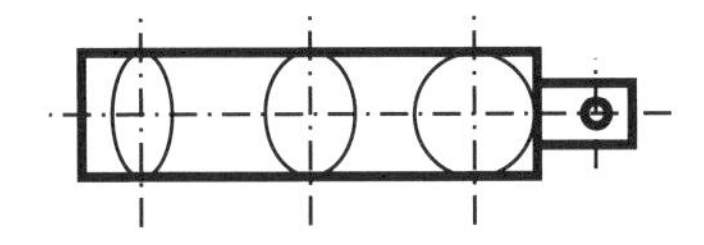

図 26 回転図示断面図の図示例（切断箇所に重ねる）

—対称形状又はこれに近い形の対象物の場合には、対称形状の中心線（細い一点鎖線）を境界として、一方を投影面に対して平行に切断し、他方を投影面に対して特定の角度で切断してもよい。特定の角度で切断した断面図は、その角度分だけ投影面の方に回転移動して表す（図 21 参照）。

—複数の平行な切断面の位置で、階段状に切断した断面図を組合せて表してもよい。この場合、切断線（細い一点鎖線で端部と屈曲部が短い太い実線）で切断面の位置と、屈曲する方向を表す（**図 27** 参照）。

—曲管などの断面図を表す場合は、その中心線（細い一点鎖線）に沿って切断してもよい（**図 28** 参照）。

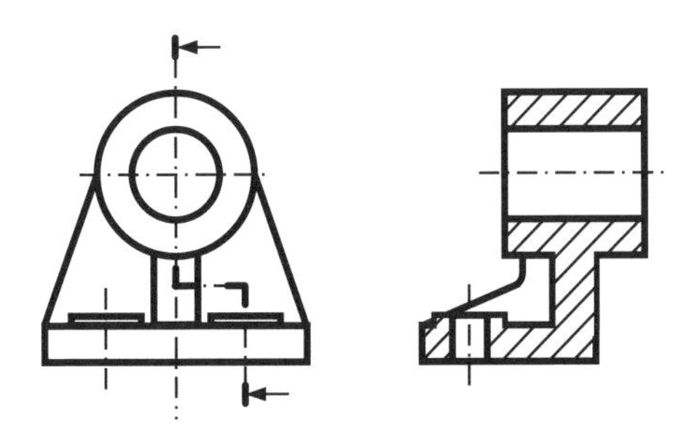

図 27 組み合わせによる断面図の図示例（2 つの切断線）

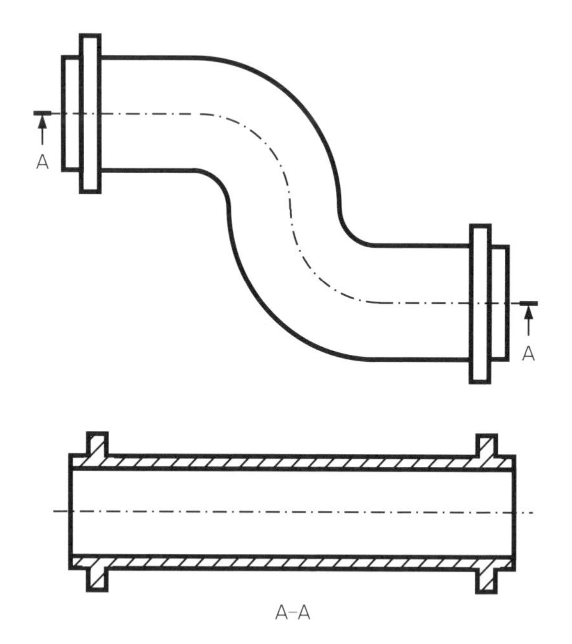

図 28 組み合わせによる断面図の図示例（中心線に沿って切断）

—断面図は、必要に応じて、これらの方法を組合せて表してもよい。

5.4.7 多数の断面図による図示：（3DA モデルでは用いない）

多数の断面図を用いる図示は、次の方法による。

—複雑な形状の部品を表す場合は、多数の断面図を用いてもよい（図 29 参照）。

—多数の断面図を用いる場合は、寸法指示及び断面図がわかりやすいように、投影面の向きを合わせて表すのがよい。この場合、それぞれの断面図を切断線

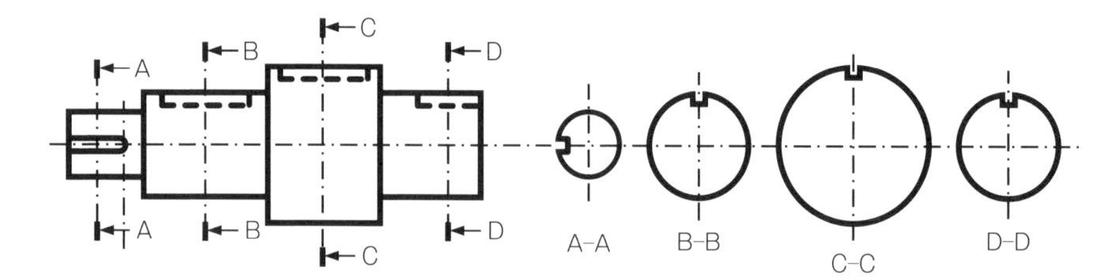

図 29 多数の断面図を用いる図示例

（細い一点鎖線で端部と屈曲部が短い太い実線）の位置に合わせて、又は投影図の中心線（細い一点鎖線）上に切断面の順に並べて配置するのがよい（図 29 参照）。

—部品の形状が徐々に変化する場合、切断面の位置を示した多数の断面図を用いて表してもよい（図 25、図 26 参照）。

5.4.8　薄肉部の断面図（2D 図面）：（3DA モデルでは用いない）

ガスケット、薄板、又は形鋼などで、切り口の肉厚が薄い場合は、次の方法で表してもよい。

—切断面の切り口を一つの色で塗りつぶす（図 24、**図 30** 参照）。

—詳細形状や肉厚にかかわらず、切断面の切り口を 1 本の極太の実線で表す。

なお、どちらの場合も、切り口が隣接しているときは、切り口同士の間に、わずかな隙間（0.7 mm 以上）をあける。

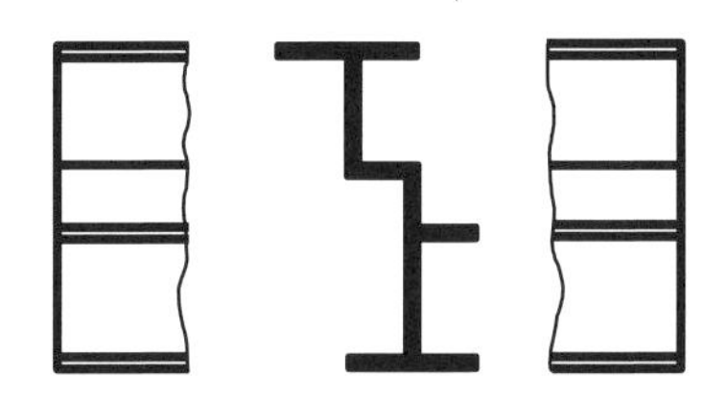

図 30 薄肉部の断面図の図示例

5.5 図形の省略（2D 図面）：（3DA モデルでは用いない）

5.5.1　一般原則

図形を省略したほうがわかりやすくなる場合は次による。

—かくれ線は、理解を妨げない場合には、省略する。

—補足的な投影図にすべての形状を描くと、図がかえってわかりにくくなる場合には、部分投影図又は補助投影図として表す（**図 31** 参照）。

—切断面の先に見える形状は、仕様を表すのに必要ない場合は、省略するのがよ

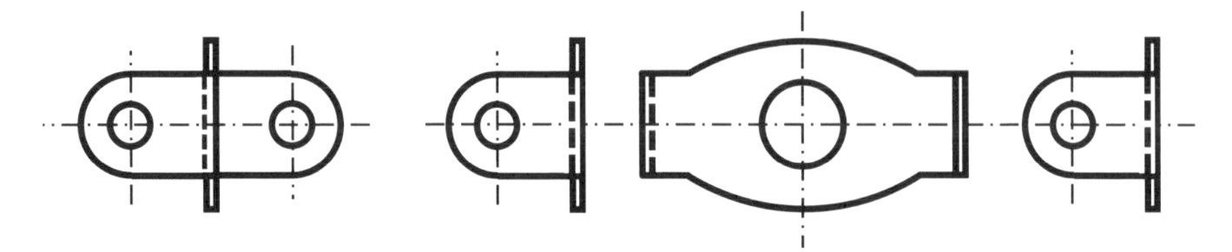

図 31 補足的な投影図の図示例

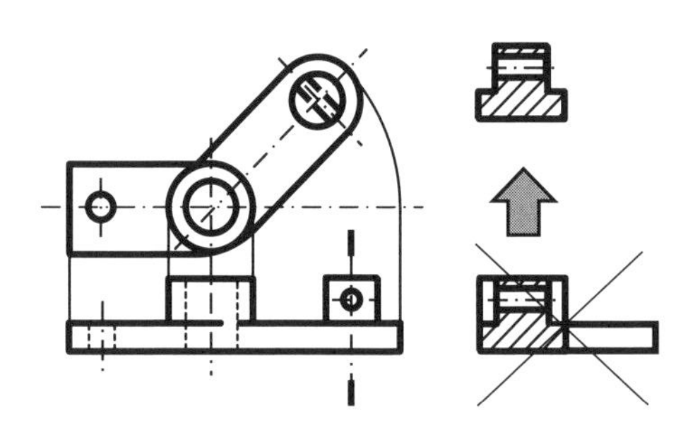

図 32 切断面の先に見える形状を省略した図示例

い（**図 32** 参照）。

—仕様を表す形状だけを局部投影図としてもよい。例えば、キー溝のある穴、止めねじのねじ穴をもつ円筒部品、切り欠きをもつリングなどに用いるのがよい（**図 33** 参照）。

—同一ピッチ円上に均等な角度で配置する穴などは、側面の投影図又は断面図において、ピッチ円が作る円筒を表すピッチ線（細い一点鎖線）と、均等な配置角度がわかるように、その片側だけに 1 個の穴を示し、他の穴の図示を省略してもよい。穴の個数と仕様と角度寸法は明示しなければならない（**図 34** 参照）。

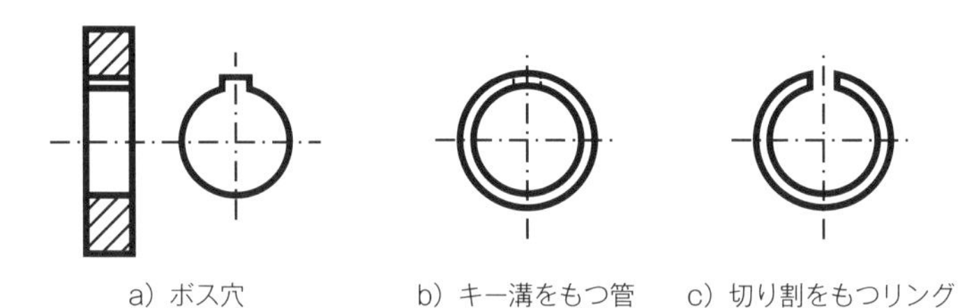

a）ボス穴　b）キー溝をもつ管　c）切り割をもつリング

図 33 局部投影図の図示例

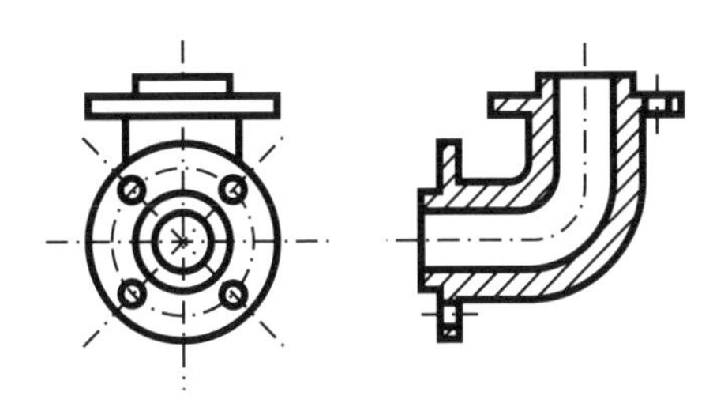

図 34 同一ピッチ円上の穴の図示例

5.5.2　対称図形の省略

図形が対称形状の場合には、次のいずれかの方法によって対称の中心線（細い一点鎖線）の片側の図形を描き、他方の図形を省略することができる。

―対称の中心線（細い一点鎖線）の片側の図形だけを描き、その対象の中心線の両端部に対称図示記号（短い２本の平行な細線）を付ける（**図 35** 参照）。

―対称の中心線を少し超えたところまで図形を描く方法もある（**図 36** 参照）。

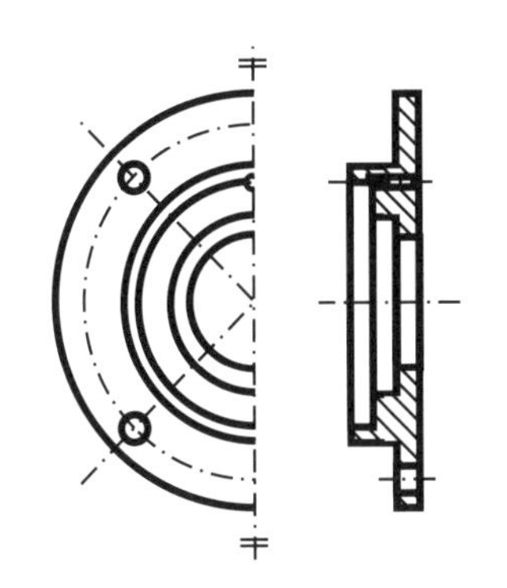

図 35 対称図形を省略する図示例

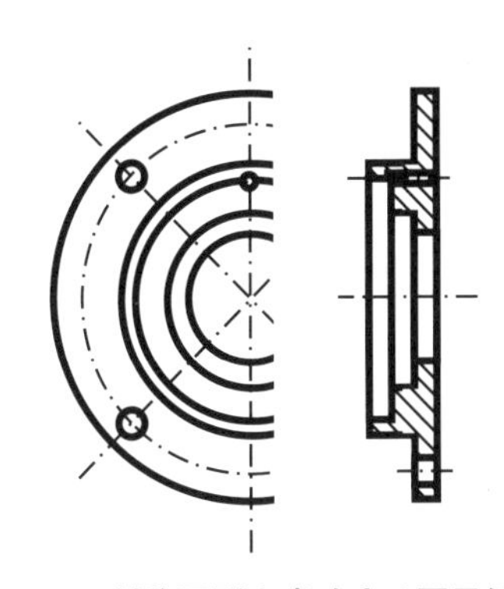

図 36 対称図形を省略する図示例

5.5.3　繰り返し図形の省略

同種同形のものが多数並ぶ場合には、次により図形を省略することができる。

―実際の形状の代わりに図記号をピッチ線（細い一点鎖線）と中心線（細い一点鎖線）との交点に記入する。ただし、図記号を用いて省略する場合には、その意味をわかりやすい位置に記述するか、引出線（細い実線）を用いて記述する（**図 37** 参照）。

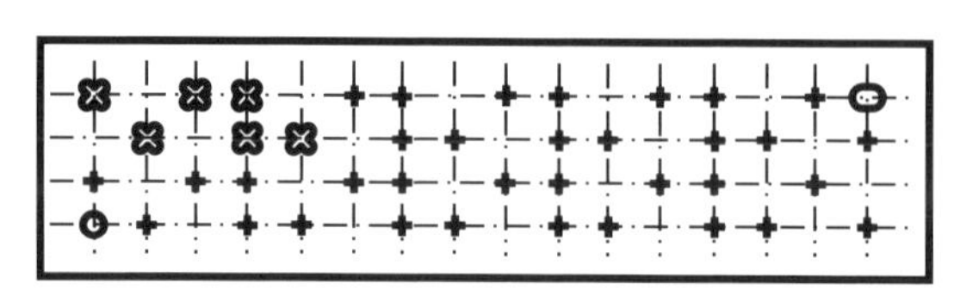

図 37 繰り返し図形を省略した図示例

—読み誤るおそれがない場合には、両端部（一端は1ピッチ分）又は要点だけを実際の形状又は図記号によって示し、他はピッチ線（細い一点鎖線）と中心線（細い一点鎖線）との交点で示す。ただし、寸法記入によって交点の位置が明らかなときには、ピッチ線（細い一点鎖線）に交わる中心線（細い一点鎖線）を省略してもよい。なお、この場合には、繰り返し部分の数を寸法記入するとともに、又は注記によって指示しなければならない（図 38、図 39 参照）。

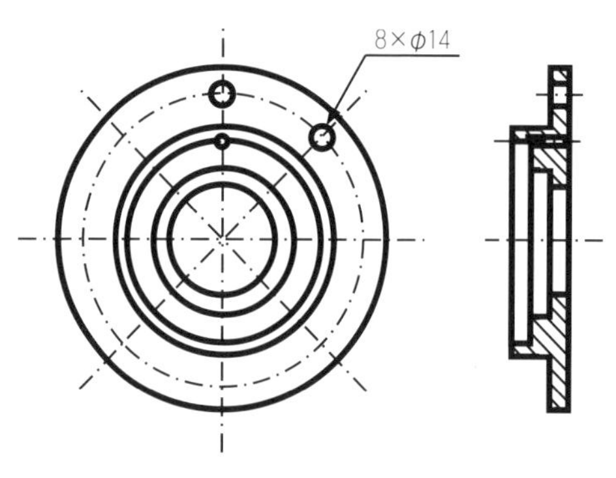

図 38 繰り返し図形を省略した図示例（穴）

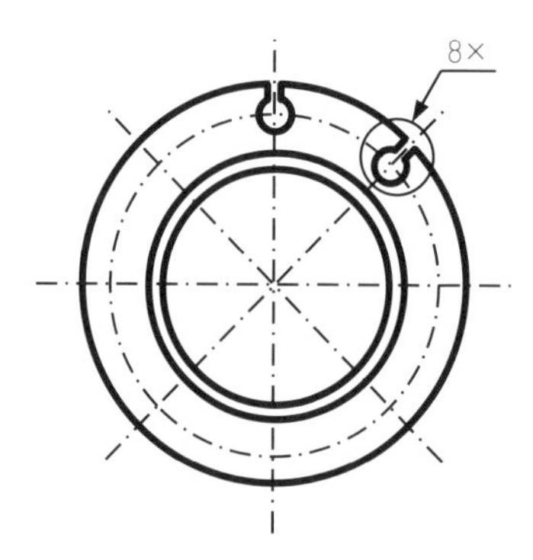

図 39 繰り返し図形を省略した図示例（同一形状）

5.5.4 平面部分

図形内の特定の部分が平面であることを示す場合は、その対角線に細い実線を描く（図 40 参照）。

5.5.5 展開図示

板金部品や段ボール箱や化粧箱などの完成状態では箱形状だが、加工前は形状を展開した平板である場合は、展開形状を表すための展開図を用いる。その展開

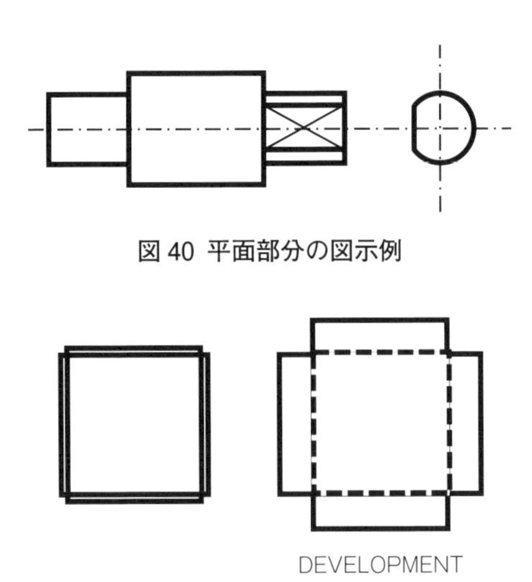

図 40　平面部分の図示例

図 41　展開図の図示例

図の真下か真上に「展開図（DEVELOPMENT）」と記載するのがよい（**図 41** 参照）。

5.5.6　加工・処理範囲の限定

部品の面の一部分に特定の加工を施す場合には、その範囲を、特殊指定線（太い一点鎖線）で囲んで表す。その面の一部分を 90°の角度で表す投影図では、その範囲を、特殊指定線（太い一点鎖線）を外形線から平行にわずかに一定の隙間をあけて表す。その範囲の仕様を引出線で指示する。

—部品の面が、ローレット加工した部分、金網、しま鋼鉄などの場合、その面の一部分にその模様を表してもよい。

また、非金属材料の材質を特に表す場合は、材質を区別する模様を原則として**図 42** によるか、または該当規格の表示方法を用いてもよい。材質を模様で表した場合でも、その材質を材質記号で指示する。なお、この指示方法は人が見てわかるための表現方法である。3DA モデルでは、その材質記号を材質の属性で設定する。

—部品の加工前又は加工後の形を図示して、その仕様を表す場合は、次による。

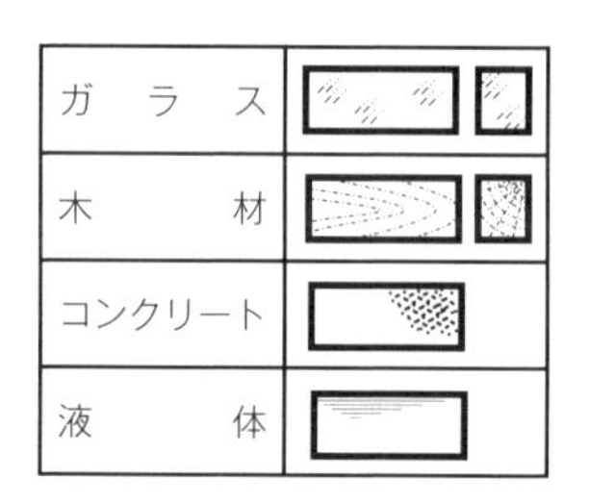

図 42 非金属材料の材質を区別する模様の例

1)　加工前の形状を表す場合は、想像線（細い二点鎖線）を用いる。

2)　加工後の形状や組立後の形状を表す場合には、想像線（細い二点鎖線）を用いる。

—加工に用いる工具・ジグなどの形を参考として図示する場合は、想像線（細い二点鎖線）を用いる。

5.5.7　その他の特殊な図示方法

—切断面から手前側にある部分を図示する必要がある場合は、想像線（細い二点鎖線）を用いる。

—組立図において、隣接する部品の部分的な形状を参考として図示する場合は、想像線（細い二点鎖線）を用いる。その形状が隣接部分に隠れていても、かくれ線（細い破線又は太い破線）としない。この場合、断面図の隣接部分は、ハッチングを施さない。

第 6 章
製図における原則

製図規格では、いくつかの原則を取り決めており、その原則に従って、2D 図面や 3DA モデルに仕様を表す。この章では、2D 図面と 3DA モデルに関する製図規格の原則について説明する。

6.1 3DA モデルとデータム座標系

3DA モデルでは、モデル自体の座標系と、加工や測定における座標系を明確にするために、1つ以上の直交座標系を設ける必要がある。座標系は右手座標系が基本であり、左手座標系や円筒座標系、極座標系を用いる場合は、その旨を仕様として明記する（図 43 参照）。

座標系は、モデル全体に関わるグローバル座標系に加え、必要に応じて、繰り返し同じ形状が表れる場合などにおいて、その基準となる位置にデータム系を設定し、それに関連付けてローカル座標系をデータム座標系として設けてもよい。例えば、基準となる穴の軸直線に対して、他の穴の相対位置を指示して、加工及び測定を行う場合に有効である（図 44 参照）。

6.2 GPS 仕様の原則及び規則

6.2.1 公差表示方式の基本原則

寸法には、長さサイズとそのサイズ公差、角度サイズとそのサイズ公差及び幾何公差がある。

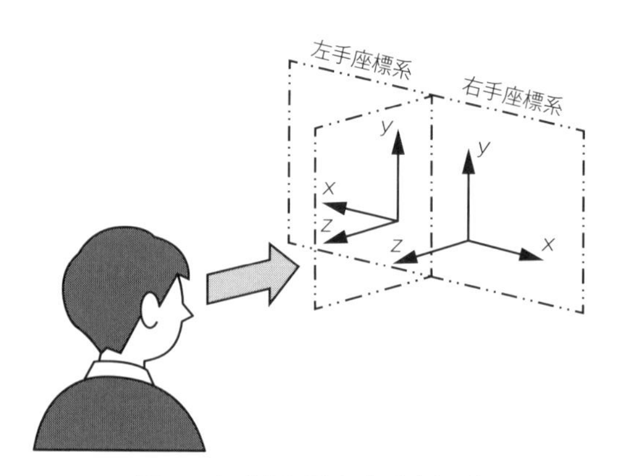

図 43 右手座標系と左手座標系

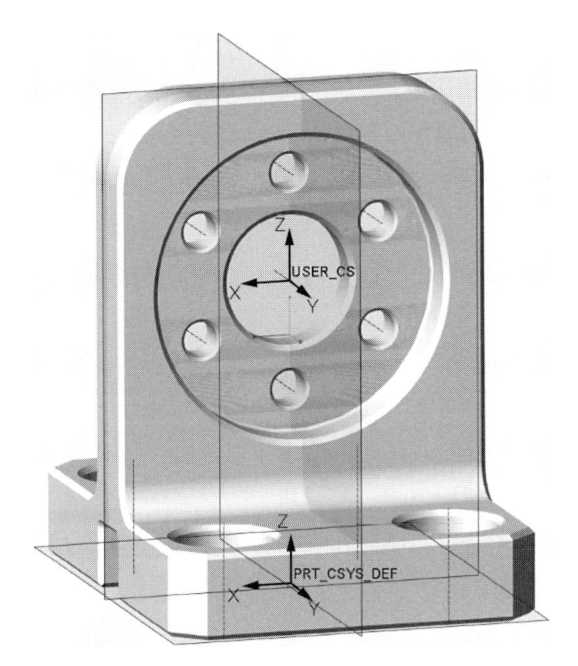

図 44 複数座標系の例

部品の形状とその寸法仕様は、形状は点や線、面からなる形体で構成されているものとみなし、その個々の形体については次の４つの特性をもつものとする。

① サイズと形状、姿勢、位置（形状、姿勢、位置のことを「幾何特性」という）

ISO/JIS における GPS 仕様を適用する図面及び 3DA モデルに指示したサイズおよび幾何特性に対する要求事項は、特別な関係を表す指示がない限り、それぞれ独立していて、関係がないものとする。

② サイズおよび幾何特性に対する要求事項に、特別な関係を表す指示としては、後述する、サイズ形体における「包絡の条件」や「最大実体公差方式」などがある。

③ 2D 図面や 3DA モデルには、その部品の寸法に関わる要求仕様を完全に満たすサイズ公差と幾何公差が指示されていなければならない。

④ 2D 図面や 3DA モデルに「独立の原則」の適用を表す場合は、表題欄の公差表示方式欄に「JIS B 0024（ISO 8015)」を記述しておかなければならない。

6.2.2 図示の原則

図示により、その要求仕様を表すのが最も確実な表現方法である。

すべての要求事項を仕様として図示しなければならない。すべての要求仕様を図示するために、必要に応じて、関連する規格や規定及び技術文書などを参照させてもよい。また、図示していない仕様を強制させてはいけない。

[備考：ここでいう「図示」には3DAモデルにおけるPMIでの指示も含む。PMIとは製品製造情報（Product Manufacturing Information）の略で、公差情報、注釈や表面性状、材質など、製品の製造に必要な情報を三次元のCADモデル（形状モデル）に決められている方法で、製品仕様を定義することをいう。]

6.2.3 形体の原則

1つの部品は、自然な境界で特定できる複数の形体で構成されていると考える。GPS仕様は、指示されている対象の単一の形体又は複数の形体の全体、形体間に対して適用する。各GPS仕様は、単一の形体、又は形体間の単一の関係だけに適用する。図示により指示内容と対象の形体を明確に関係付ける。

6.2.4 独立の原則

ISOで規定されているGPS（Geometrical Product Specifications：製品の幾何特性仕様）規格体系には、部品特性を記述するために、サイズ、距離、形状、姿勢、位置、振れ、表面性状（輪郭曲線）、表面性状（三次元）、表面不整（旧、表面欠陥）の9つの幾何特性が区分されている。

デフォルトでは、1つの形体又は形体間の関係についてGPS仕様でその要求仕様を指示した場合、それぞれの仕様に対して、他の仕様とは独立に満足しなければならない。

寸法は、サイズ（長さサイズと角度サイズ）と幾何公差に用いるが、それらの間には関係性がないものとして、それぞれ独立に適用する。ただし、特別な関係性をもたせるための指示（包絡の条件、最大実体公差方式など）を行った場合を除く。

例えば、円筒に直径を「サイズ公差」で指示し、円筒に許容する曲がりを「真直度」で指示し、「表面性状」を指示した場合、それぞれを独立して測定評価を行い、指示したすべての特性が合格となれば、円筒の部品の要求仕様が満たされていることになる。

6.2.5　小数（図示による要求精度）の原則

図示において指示された数値における指示されていない小数はゼロとする。この原則は、GPS 規格及び図面に適用する。

必要に応じて、図面に適用する有効桁数を指示してもよい。

[備考：ここでいう「図面」には、3DA モデルも含まれる。
例１　図示の「±0.5」は、「±0.500 000 000 000 000…」と解釈する。
例２　図示の「10」は、「10.000 000 000 000 000 000…」と解釈する。]

3DA モデルでは、理想的な形状を表すモデルが CAD システム固有の計算誤差を含む特性をもっている。よって、その有効桁数を意識してモデルから読み取った数値を用いる必要がある。また、モデルから読み取った数値には計算誤差を含むため、有効桁数での数値の丸めを行うことになる（数値の丸め方は、JIS Z 8401「数値の丸め方」を参照）。

6.2.6　基準状態の原則

図面に指示したすべての GPS 仕様（サイズ、幾何公差、表面性状、表面不整など）は、「基準状態」において適用する。「基準状態」とは、JIS B 0680 で規定する標準温度「20 ℃」を用いることや、傷や汚れなどの汚染がない状態のことをいう。追加の要求仕様や評価条件（例えば、湿度）は、図面に指示する。

6.2.7　剛体の原則

図面に指示した部品は、「剛体」であるものとする。図面に指示した GPS 仕様は、自由状態で重力を含むどんな外力を受けても変形しないものとする。追加の要求仕様や評価条件など（例えば、JIS B 0026 における拘束条件）は、図面に指示する。

6.2.8 GPS 基本仕様の原則

特に指示しない限り、GPS 基本仕様は、いくつかの GPS 仕様の集合であると考える。GPS 基本仕様は、ひとつの形体又は形体間のひとつの関係性に適用する。

図面全体に関わる GPS 基本仕様は、表題欄等に明記する。図面内の GPS 基本仕様に関わる指示に矛盾が生じて仕様があいまいにならないように注意する。

6.2.9 責任の原則

部品の要求仕様に対する、機能のあいまいさや、図面に指示した仕様のあいまいさは、その図面を作成した設計者の責任である。

できあがった部品を評価するうえでの測定の不確かさについては、測定機器や測定方法、計算方法などの不確かさを定量化し、仕様の合否判定に影響がないことを証明する必要があり、それは、部品の評価を判定する部署の責任である。

6.2.10 括弧内記述の原則

図面内で丸括弧「(　)」で括って記述した仕様は、参考情報となり、仕様や要求仕様とはならない。

6.2.11 その他の GPS 仕様に関わる原則及び規則

6.2.1 から 6.2.10 に挙げた以外の GPS 仕様に関わる原則及び規則は、JIS B 0024 を参照する。

第7章
寸法線の表し方

3DAモデルにおいても2D製図規格においても、寸法線を用いた長さ寸法や角度寸法の表し方が寸法の表し方の基本である。この章では、2D図面と3DAモデルに関する寸法線の表し方について説明する。

7.1 寸法の一般事項

ここでは、寸法線を用いて指示する、理論的に正確な寸法（TED）及びサイズ寸法について説明する。

—部品の機能・製作・組立・測定などを考慮して、必要な寸法を明確に指示する。
—寸法は、対象物のサイズ、形状、姿勢及び位置を明確に指示する。
—対象物の機能上必要な寸法（機能寸法）は、必ず指示する。
—寸法は、寸法線、寸法補助線、寸法補助記号、公差記入枠、引出線などの記号と数値を用いて指示する。
—寸法は、主投影図及び主投影ビューに集中して指示し、他の投影図及び投影ビューは必要最小限に用いる。
—図面及び3DAモデルに指示する寸法は、特に明示しない限り、その図面に図示した対象物の仕上がり寸法を示す。
—寸法は、なるべく計算して求める必要がないように指示する。
—寸法は、なるべく工程ごとに配列を分けて指示する。
—関連する寸法は、なるべく1か所にまとめて指示する。
—幾何公差の基準となるデータムは、面（平面、直線と点）に対して指示する。
—重複寸法はなるべく避ける。図面や3DAモデルの理解を助けるために重複して示したほうが良い場合は、重複記号（記号●）を寸法数値に付記する。なお、3DAモデルにおいて、ひとつの寸法を複数のビューで表示させる場合は、重複寸法とはみなさない。
—寸法では、理論的に正確な寸法（TED）と参考寸法を除き、公差値を指示する。ただし、普通サイズ公差を適用する場合は、サイズの公差値を省略できる。
—参考寸法は、寸法数値を丸括弧で囲む。3DAモデルにおいて、公差が指示されていない形体には参考寸法が指示されているものとみなす。

7.2 形体とサイズ形体

現在の製図では、物体は、点や線や面で構成されていると考える。この物体を構成する点や線や面のことを「形体」[フィーチャ（feature)] という。

3D CADでは、この形体を組み合わせてモデルを作成していく。このモデルの作成方法のことを、フィーチャベースモデリングという。

本書では、PTC社の**Creo Parametric 10**（以下、**Creo**と略する）という3D CADを使ってモデルを作成しているが、Creoでは**図45**に示す「モデル」タブのリボンメニューを使って、モデルを作成する。

図45 Creo Parametric 10の「モデル」タブのリボンメニュー

基本は、「スケッチ」を使って平面上に基本形状を描き、その基本形状を「押し出し」や「回転」などの「形状」メニューを使ってモデルを作成する（**図46〜図49**参照）。

図46から図49に見られるように、平面上に描いた基本形状から複雑な形状を

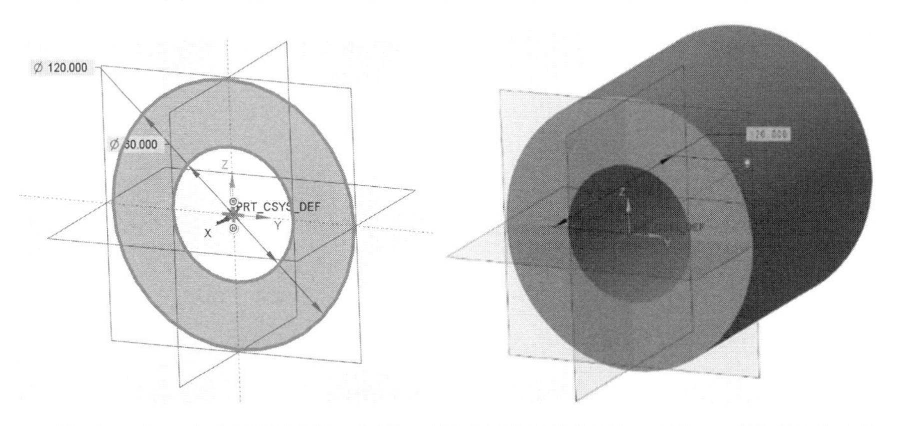

図46 スケッチで2重円を描いた例　**図47 図46を奥方向へ120 mm押し出しした例**

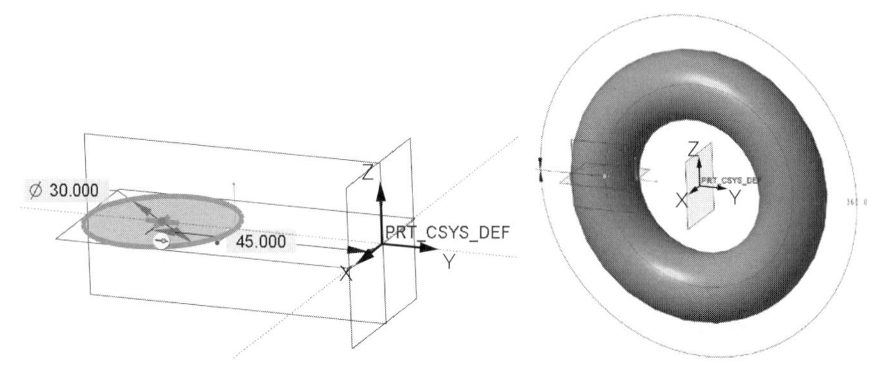

図 48 スケッチで XY 平面上に円を描いた例　　図 49 図 48 を X 軸周りに 360°回転した例

作成していくので、最終的に作る形状によっては、どのように作っていくのがよいかを十分検討してから作成を開始したほうがよい。その際は、後々、設計変更を行う必要が生じた際に、モデルを修正しやすいように考慮しておくことが大事である。また、煩雑な作り方をした場合は、修正ができなくなる場合があるので注意する。

3D CAD では、パラメトリック機能をサポートしている場合がある。その場合はパラメトリック機能を用いてモデルを作成することを推奨する。

パラメトリック機能とは、設計意図を形状定義に反映させる方法で、形状の各部の寸法を変数や数式として関連性をもたせることで、例えば、高さ寸法と幅寸法に一定の比率をもたせたい場合、幅寸法を呼び寸法として、幅寸法により高さ寸法が自動的に追従して変わるように設定することができる。

寸法駆動により、モデルの形状に反映させるものであれば、様々な用途に用いることができる。

例えば、次のような用途が考えられる。

―板厚に応じて、板端から穴までの距離（肉厚）を決定することで板端に配置する穴の加工性を確保する。

―部品内に定型の部位があり、部品の外形寸法に応じてその配置を変化させる。

―部品の外形寸法が常に黄金比となるように設定しておき、呼び寸法をいくつか変更する。

—機銘板内の記載事項のレイアウトを呼び寸法により自動配置する。

製図では、円筒や球の直径や、平行な二平面間の距離など、ノギスやマイクロメータといった簡易測定機で2点間の距離を測って表せる形状のことを「長さサイズ形体」(linear feature of size) という。英語を直訳すると「線形サイズ形体」となるが、JISでは「長さに関わるサイズ形体」(略して、「長さサイズ形体[12]」) としている (**図50**参照。また、詳細は**JIS B 0420-1**及び略称については**JIS B 0420-3**参照。)。

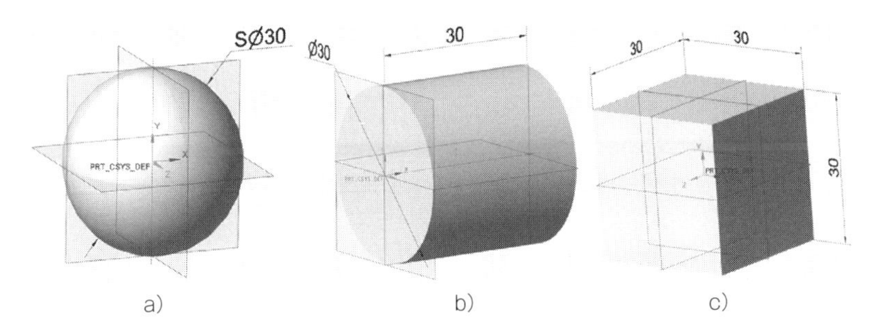

図50 長さサイズ形体の例

また、「ねじれのない対向する二平面のなす角度をもつ形状」のことを「角度サイズ形体」(angular feature of size) という。JISでは「角度に関わるサイズ形体」(略して、「角度サイズ形体」) としている (**図51**参照。詳細は**JIS B 0420-**

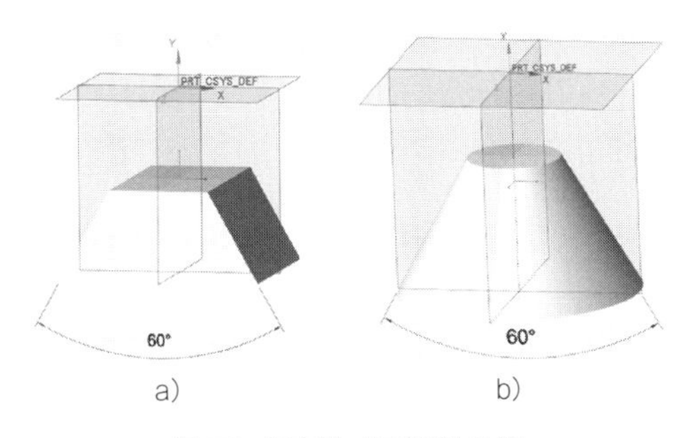

図51 角度サイズ形体の例

[12] JIS B 0420-3「1　適用範囲」にて、角度に関わるサイズ形体を、「以下、"角度サイズ形体" という」としているので、本書では、長さに関わるサイズ形体を "長さサイズ形体" としている。

3 参照。)。

長さサイズ形体や角度サイズ形体の特徴として、それらの表面を表す形体と、その中心を表す形体を想定できる。その中心を表す形体を「誘導形体」(derived feature) という。その元となる表面を表す形体を「外殻形体」(integral feature) という。

図 52 において、表面が長さサイズ形体の「外殻形体」であり、中心点、中心軸線、中心平面が「誘導形体」である。

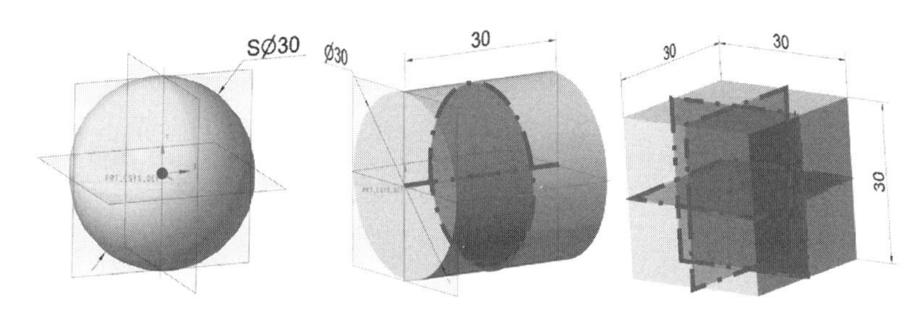

図 52 長さサイズ形体の外殻形体と誘導形体

図 53 において、表面とその対向面が角度サイズ形体の「外殻形体」であり、中心平面又は中心軸線がその「誘導形体」である。図 53 の角度サイズ形体には、角度サイズ形体の「誘導形体」のほかに、厚み方向の長さサイズ形体を表す「外殻形体」とその中心平面の「誘導形体」がある (**図 54** 参照)。

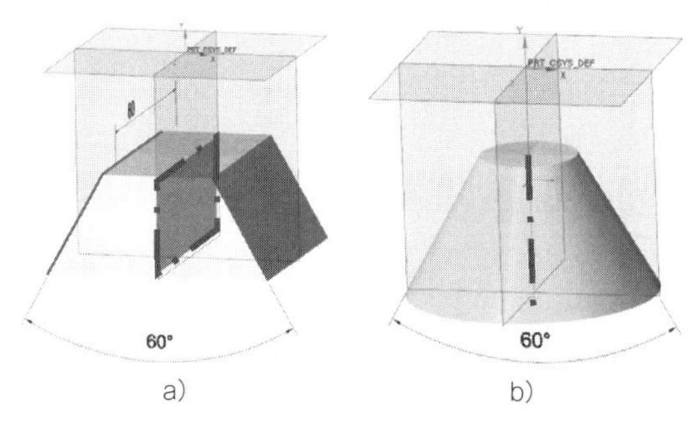

図 53 角度サイズ形体の外殻形体と誘導形体

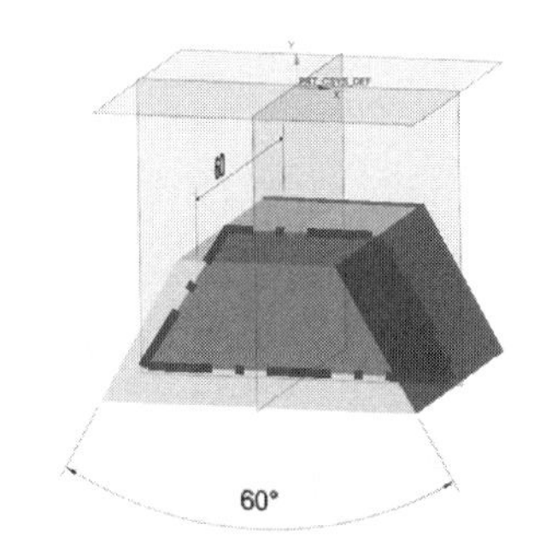

図 54 厚み方向の長さサイズ形体の外殻形体と誘導形体

7.3 理論的に正確な形体（TEF）と、理論的に正確な寸法（TED）

3DA モデル及び 3D モデルにおけるモデル（形状）は、理論的に正確な寸法（Theoretically Exact Dimension, TED、テッド）で定義してある理論的に正確な形体（Theoretically Exact Feature, TEF、テフ）のカタマリであるとみなせる。

サイズ形体の場合にのみ、TED ではなく、サイズとして扱いたい場合に、サイズ寸法で個別指示する。

TED には、個別にモデルへ指示した明示的な TED と、モデルを作ることで暗黙的な定義となる非明示の TED がある。非明示の TED には、例えば、水平面に直角な平面を作る場合、個別に角度寸法として 90° を指示しなくてもよい。また、同じ位置にある平面だが、両方の面の間に溝をはさむ場合、それらの間の位置寸法として 0 mm を指示しなくてもよい。

CAD ではモデルの形状を位置情報（例：絶対座標値、相対座標値）で表すが、計算結果を有効数字で丸めた結果を比較して、直角な関係にある、平行な関係にある、同じ位置にあるなどの識別を行っている。

モデルの形状がTEDを表す場合は、表題欄の近傍に、例えば「TED's according to CAD model “FILE NAME”」（TED は CAD モデル“ファイル名”による）のように指示する（詳細は、ISO 16792 参照）。

7.4 長さサイズ

長さサイズ形体の大きさを表す距離や直径のことを「長さサイズ」（linear size）という。図 50 と図 52 における球の直径や円筒の直径や距離を表す S⌀30 や ⌀30 又は 30 が「長さサイズ」である。長さサイズ形体の例は**図 55** 参照。

長さサイズと角度サイズを総称していう場合と、長さサイズを角度サイズと区別して言い表す必要がない場合は、単に「サイズ」（size）という。

ISO/JIS では、「長さサイズ」のデフォルトの評価方法は、ノギスやマイクロメ

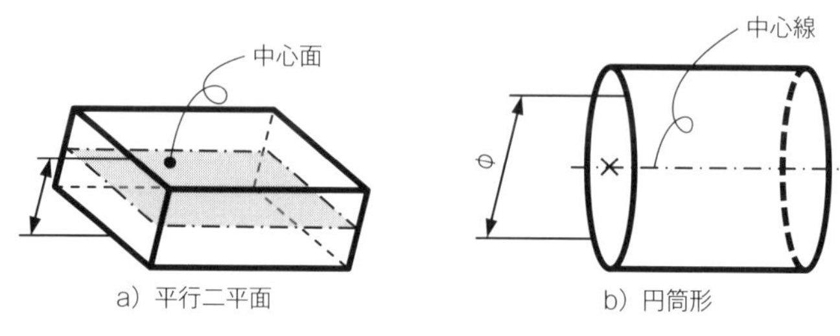

図 55 長さサイズ形体の例

ータといった簡易測定機で2点間の距離を測って評価することを意味する。表6（P. 31）に示した長さサイズの主な当てはめ指定条件の記号を用いて、評価方法をデフォルトの「2点間サイズ」から設計意図に合わせて変更することができる（例：リングをはめ合いする軸の直径の場合、「最小外接サイズ」を用いる）。

7.5 角度サイズ

角度サイズ形体の角度の大きさのことを「角度サイズ」（angular size）という。例えば、図51と図53における角度60°が角度サイズである。角度サイズ形体の例は**図56**参照。

ISO/JISでは、「角度サイズ」のデフォルトの評価方法は、「2直線間角度サイズ」を意味する。表7（P. 31）に示した「角度サイズ」の主な当てはめ指定条件の記号を用いて、評価方法をデフォルトの「2直線間角度サイズ」から設計意図に合わせて変更することができる（例：三次元測定機で測定を行い、軸方向の心出しを行ったあと、円すい穴の「角度サイズ」を測定する場合は、「ミニマックス角度サイズ」を用いる）。

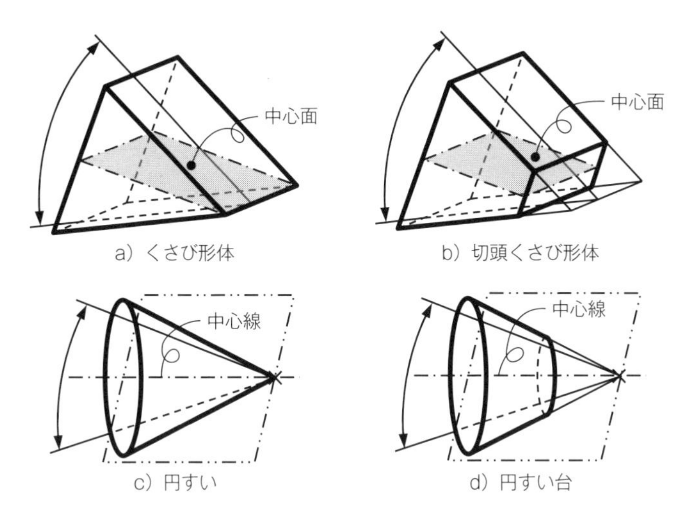

a）くさび形体　b）切頭くさび形体　c）円すい　d）円すい台

図 56 角度サイズ形体の例

7.6 サイズ公差

長さサイズと角度サイズに公差を設けることができる。各サイズ公差の例と、その名称を**図 57** に示す。また、長さサイズと角度サイズの基本的な GPS 指定は、表 8（P. 31）に示した。

	図示サイズ	上の許容サイズ	下の許容サイズ	サイズ公差	±許容差
長さサイズ公差の例					
20±0.2	20	20.2	19.8	0.4	±0.2
角度サイズ公差の例					
20°±0.2°	20°	20.2°	19.8°	0.4°	±0.2°

図 57 サイズ公差の例とその名称

7.7 普通公差

普通公差には普通サイズ公差と普通幾何公差の 2 種類がある。

普通サイズ公差は、寸法線で指示したサイズの ± 許容差を一括指示する。

普通幾何公差は、TEDで理想的な形状を定義した部品の公差を一括指示する。

一括指示では、部品全体に一定の公差や、代表長さ当たりで決まる公差などがある。

普通公差の規格には、JIS B 0405、JIS B 0409、ISO 22081、JEITA ET-5102Aなどがある。

普通幾何公差を用いることで、通常得られる加工精度でよい位置公差と形状公差を一括指示できるので、特に精度を要求する部位、特に管理を要する部位、加工指示、普通幾何公差の適用外の部位、最外形の参考寸法などだけを個別指示するだけになり、図面作成が少ない手数でできるとともに、わかりやすい図面として、運用することができる。

7.8 2D図面におけるTEDと3DAモデル

2D図面では、描いている形状が決まった尺度とは限らず、簡略化や省略される場合もあるため、必ず形状定義をTEDで指示する必要があり、TEDを省略してはならない。

もし、図面におけるTEDの指示が不完全な場合、その形状の大きさ、姿勢、位置は、参考寸法で表されているものとみなされるので、注意する。

一方、3DAモデルでは、モデルの形状自体がTEDで表現されているとみなすので、人が見てわかりやすくするため以外の目的では、TEDの指示が不要である。また、常にモデルが表す形状が最新のものとして作成・管理することが求められており、モデルは現尺で、形状を簡略化や省略せずに表すこととなっている。一部のモデルでは表現しにくい「表面性状」などの表面仕上げ状態、「ねじ形状」や「カム形状」などは正確な形状で作れなくてもよいが、必ずその仕様をPMIによってその形状に関連付けして記述しておく必要がある。

7.9 サイズおよび TED における寸法線と寸法補助線

7.9.1　寸法補助線

―通常の寸法線は寸法補助線を用いて記入し、寸法線の近傍に寸法数値を記入する。ただし、寸法補助線を引き出すと図が紛らわしくなる場合は、これによらなくてもよい（**図 58** 及び**図 59** 参照）。

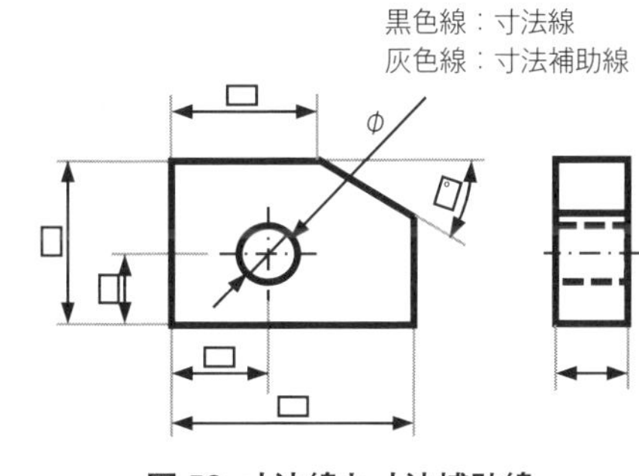

図 58　寸法線と寸法補助線

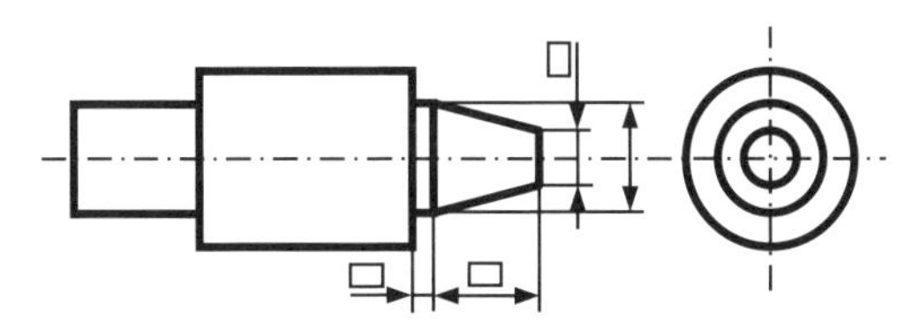

図 59　テーパ形状の寸法線と寸法補助線の例

―寸法補助線は、指示する寸法の端に当たる図形上の点又は線の中心を通り、寸法線に対して直角に引き、寸法線をわずかに超えるところまで延長する。寸法補助線と図形との間をわずかに離して、スペースを入れてもよい。

寸法を指示する位置を明確にするため、特に必要な場合には、寸法線に対して判別しやすい適切な角度（60° が推奨）をもつ互いに平行な寸法補助線を用いてもよい（**図 60** 参照）。

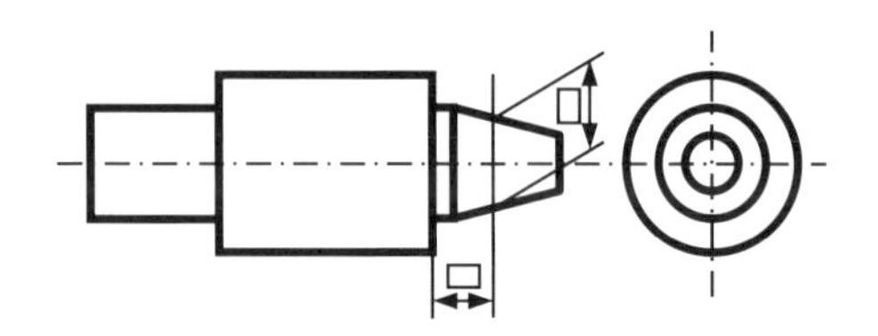

図 60 開始位置を明確にした寸法の例

—互いに傾斜する２つの面の間に丸み又は面取りを施す場合に、２つの面の交わる位置をTEDで示すには、丸み又は面取りを施す以前の形状を細い実線で表し、その交点から寸法補助線を引き出す。この場合、交点位置を明らかにする必要がある場合は、交差位置を塗りつぶした丸で表すか、又は、それぞれの線を互いに交差させて延長して表す（図 61 参照）。

［備考：CAD では寸法線の端末記号を変更するだけで変えられるので、どちらを使ってもよい。］

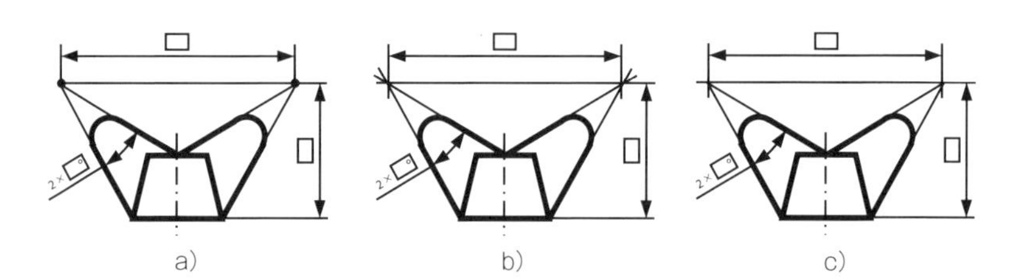

図 61 交点位置を明確にした寸法の例

7.9.2 寸法線

—寸法線は、長さ又は角度を測定する方向に引き、線の両端に端末記号を付ける（図 62 及び図 63 参照）。

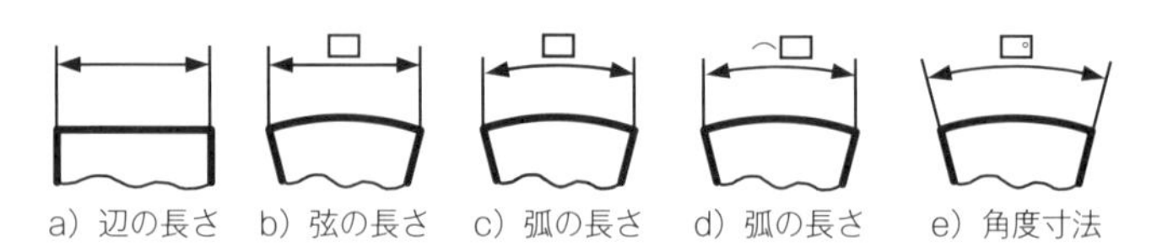

図 62 寸法線の種類

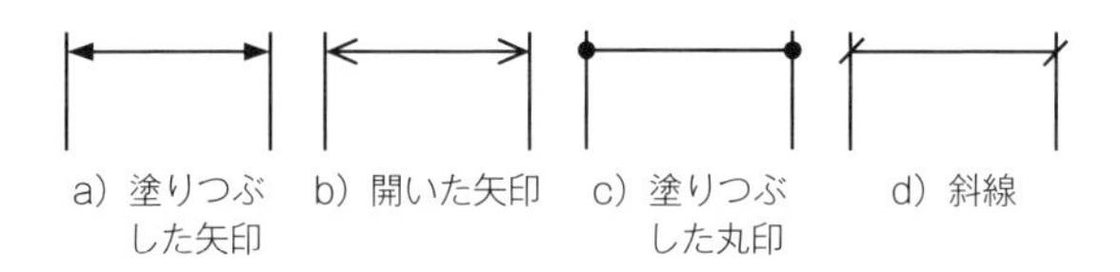

図 63 寸法線の端末記号の種類

[備考：ISO 製図規格の図例では、塗りつぶした矢印を用いている。手描きの図では開いた矢印のほうが描きやすいが、塗りつぶした記号のほうが図面では、わかりやすく、見やすい。]

—端末記号は、測定する方向を表す場合や外形線を指す場合には矢印を、指示した面そのものを表す場合には丸印を用いる。

—角度を記入する寸法線は、角度を構成する二辺又はその延長線（寸法補助線）の交点を中心として、両辺又はその延長線の間に描いた円弧で表す（**図 64** 参照）。

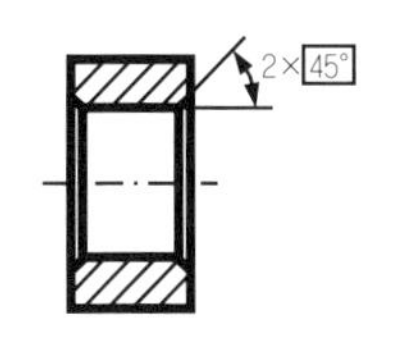

図 64 角度を指示した例

—寸法線が隣接して連続する場合には、寸法線を一直線上に揃えて記入するのがよい。また、関連する部分の寸法は、一直線上に揃えて記入するのがよい（**図 65** 参照）。

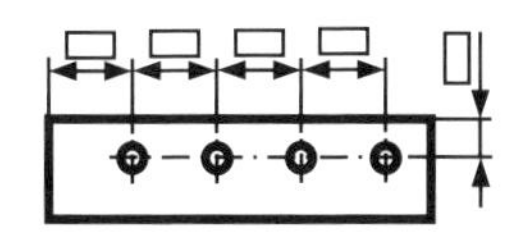

図 65 寸法線を一直線上に揃えて記入する例

—狭く寸法数値が入らない場合の寸法は、部分拡大図を用いて記入するか、または次のいずれかによる。

1）　寸法線の中央から斜め方向に、端末記号を用いずに引き出し、寸法数値を記入する（**図 66** 参照）。

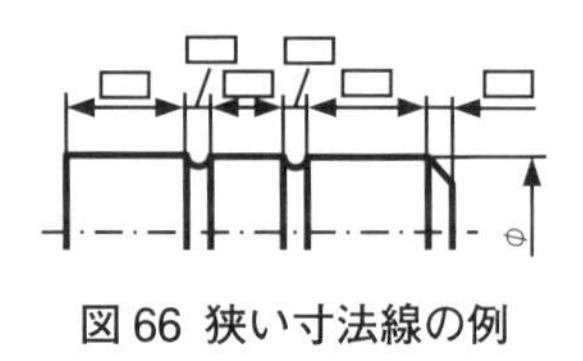

図 66 狭い寸法線の例

［備考：加工方法、注記、照合番号などを記入するために用いる引出線は、斜め方向に引き出す。なお、引出線の先に注記などを記入する場合は、その先に水平の線（参照線という）を注記の長さ分だけ引き、その上側に記入する（**図 67** 及び P. 91 の図 87 参照）。

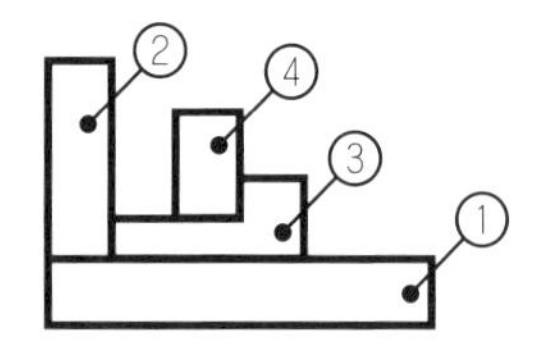

図 67 照合番号の例

2）寸法線を延長して記入、又は延長線の上に寸法数値を記入してもよい（**図 68** 参照）。

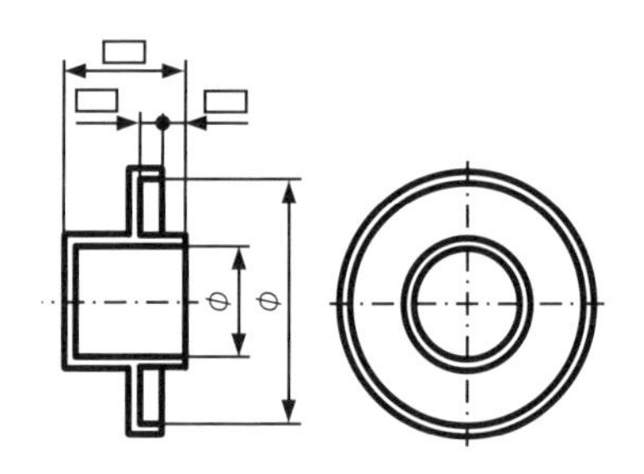

図 68 延長線の上に寸法を指示した例

3）寸法補助線の間隔が狭く、寸法線が短くて矢印を表す余地がない場合、矢印の代わりに塗りつぶした丸印又は短い斜線を用いてもよい（図 63 及び図 68 参照）。

―対称の図形で対称中心線の片側だけを表した図で、その中心線を越えて指示する寸法線では、中心線を超えたところまで延長して表す。延長した寸法線の端には端末記号は付けない。誤解の恐れがない場合には、寸法線が中心線を超えるところまで延長しなくてもよい（図 69 参照）。

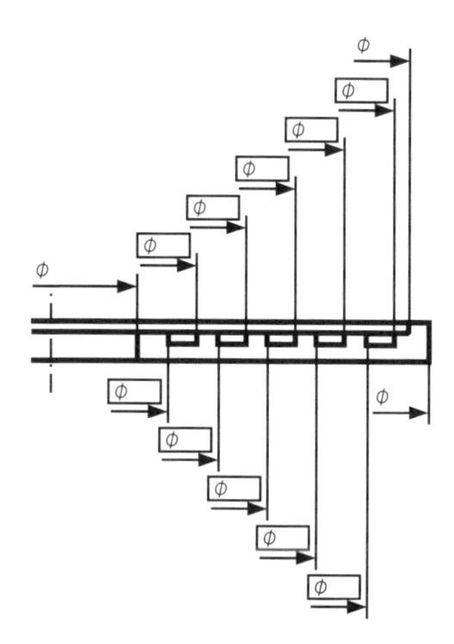

図 69　対称の図形の例

―対称の図形で多数の径の寸法を記入する場合には、寸法線の長さが寸法数値を記入できる程度まで短くし、数段に分けて並びを揃えて記入してもよい（図 69 参照）。

7.9.3　寸法数値

―長さの寸法数値は、ミリメートルの単位で記入し、単位記号は付けない。他の単位を用いる場合には、表題欄の単位欄にその単位を記入する。

―角度の寸法数値は、度・分・秒の単位で記入し、単位記号として「°」「′」「″」を記入する。ラジアンの単位を用いる場合には、単位記号「rad」を記入する。

例 1　90°　22.5°　6°　21′　5″（又は 6°　21′　05″）

8°　0′　12″（又は 8°　00′　12″）　3′　21″

例 2　0.52 rad　0.33 rad

―寸法数値の小数点は「.」とする。また、寸法数値の桁数が多い場合、3 桁ごとに数字の間にスペースを入れ、区切り記号にカンマ「,」は用いない。

例　123.45　22.32　1 234.5

［備考：欧州（ISO）では、小数点としてカンマ「,」を用いている。］

—製図では、寸法数値や公差値の有効桁数は無限に続くものとする。端数がある寸法数値を除き、有効桁数を考慮した記入は必要ない。よって、例えば「22」と記入した場合の解釈は、「22.000 000…」を表す（6.2.5 参照）。

—寸法数値を記入する位置及び向きは、特に定める累進寸法記入法を除き、次の方法を用いる。

（方法） 寸法数値は、水平方向の寸法線では図面の下辺から、垂直方向の寸法線に対しては図面の右辺から読めるように書く。斜め方向の寸法線に対してもこれに準じて書く。寸法数値は寸法線を中断せず、寸法線に沿って上側にわずかに隙間を空けて記入する。また、寸法線の中央に配置するのがよい。

垂直線に対し、左上から右下に向かい、約 30° 以下の角度をなす方向には寸法線の記入を避ける。図形の都合で記入が必要な場合は、紛らわしくないように記入する（**図 70** 及び**図 71** 参照）。

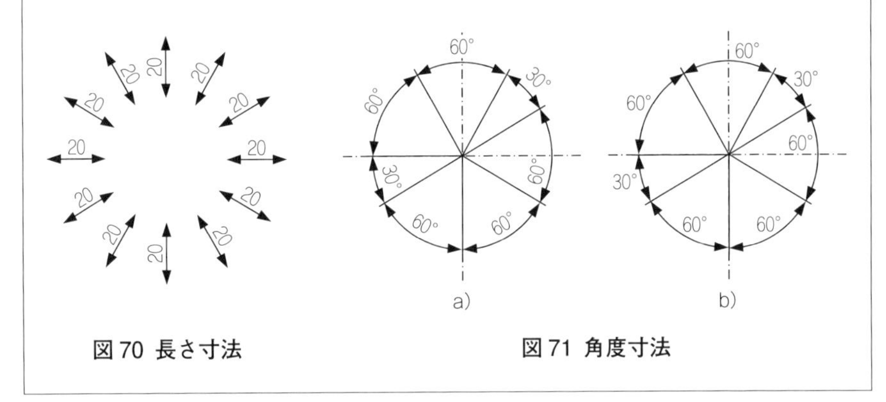

図 70 長さ寸法

図 71 角度寸法

—寸法数値は、図面内の他の線や文字と重ならない位置に配置する。必要に応じて、引出線を用いて重ならない位置へ引き出して配置する（**図 72** 参照）。

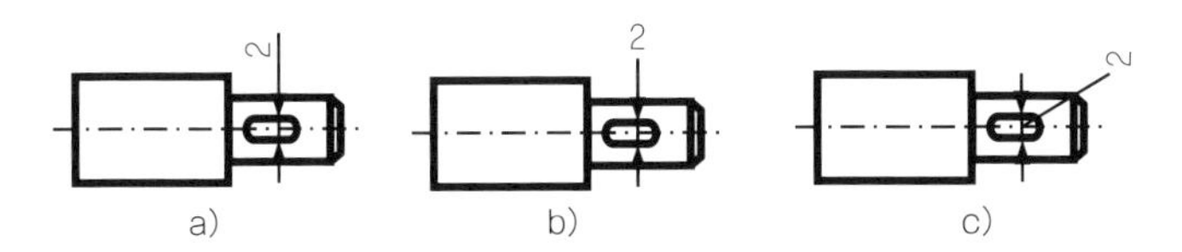

図72 寸法を重ならない位置へ配置する例

—寸法数値は、寸法線の交わらない位置に配置する。

—寸法補助線を引いて記入する直径の寸法が、対称中心線の方向にいくつも並ぶ場合は、各寸法線の間隔を均等にして、小さい寸法を内側に、大きい寸法を外側にして、寸法数値の配置を揃えるのがよい。ただし、用紙サイズの都合で投影図のスペースが十分に確保できない場合は、寸法線の間隔を狭くして寸法数値を対称中心線の両側に交互に並べて記入してもよい（**図73**参照）。

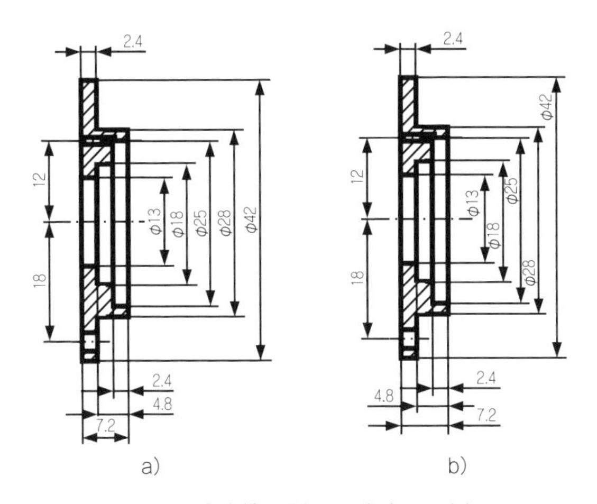

図73 寸法線の間隔を狭くした例

—寸法線が長くて、寸法線の中央に寸法数値を配置するとわかりにくくなる場合は、寸法線のいずれか一方の端末記号の近くの片方に寄せて配置してもよい（**図74**参照）。

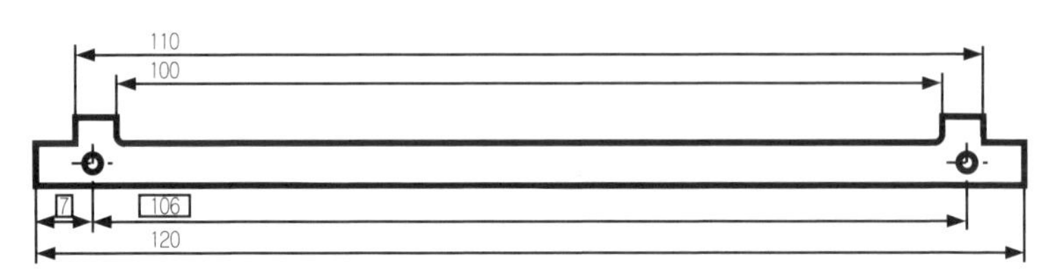

図 74 寸法を片方に寄せて配置した例

—寸法数値の代わりに、文字記号を用いてもよい。この場合は、その数値を他の方法（表形式や注記など）で記入する（**図 75** 参照）。

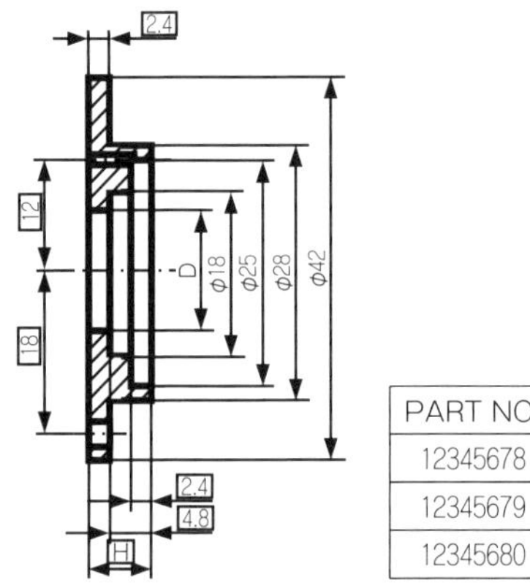

PART NO.	H	D
12345678	7.2	φ13
12345679	8.4	φ14
12345680	10.6	φ15

図 75 寸法に文字記号を用いた例

7.10 TED における寸法線の配置

寸法がTEDの場合は、公差の累積はないので直列寸法記入法、並列寸法記入法、累進寸法記入法など、方法による差異を意識する必要はないので、わかりやすく記入できる方法を選択すればよい。

7.10.1 直列寸法記入法

寸法線を直列に連なるように配置する（**図 76** 参照）。

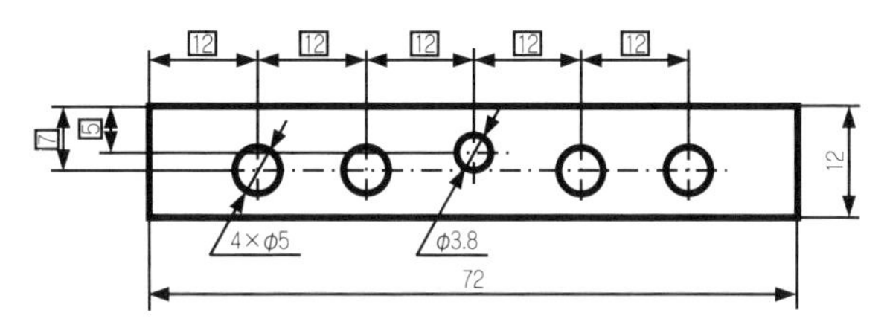

図 76 直列寸法記入法の例

7.10.2　並列寸法記入法

寸法線を並列になるように配置する（**図 77** 参照）。

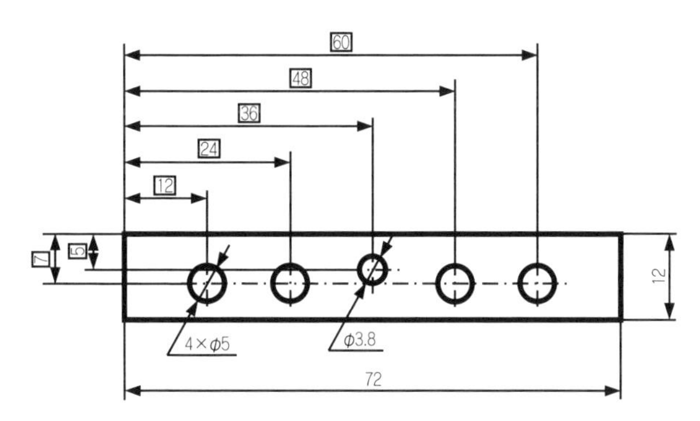

図 77 並列寸法記入法の例

7.10.3　累進寸法記入法

並列寸法記入法と同じ指示内容を、1 本の寸法線の連なりで省スペースに記入できる。寸法線の起点の位置は、起点記号「○」で示し、寸法線の他端は矢印で表す。寸法数値は、寸法補助線に並べて記入するか、矢印の近くの寸法線の上側に沿って記入する。なお、2 つの形体間だけの寸法線にも適用できる（**図 78**、**図 79** 及び**図 80** 参照）。

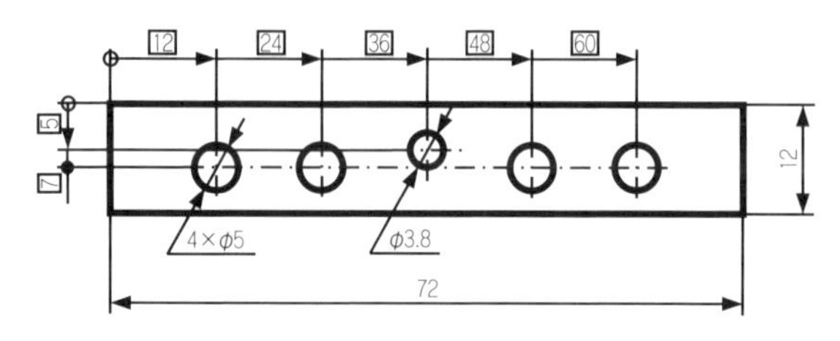

図 78 累進寸法記入法の例

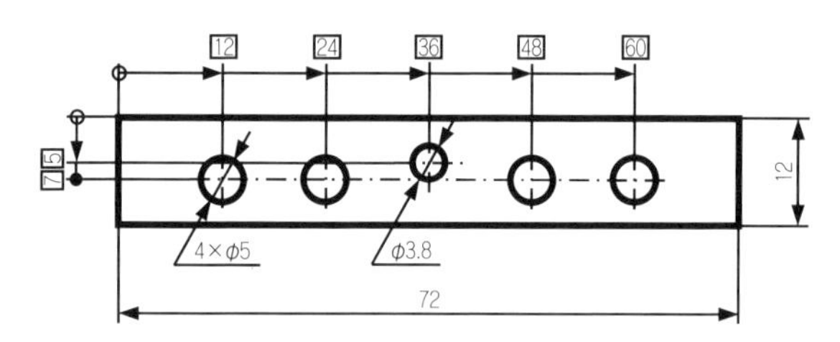

図 79 累進寸法記入法の例

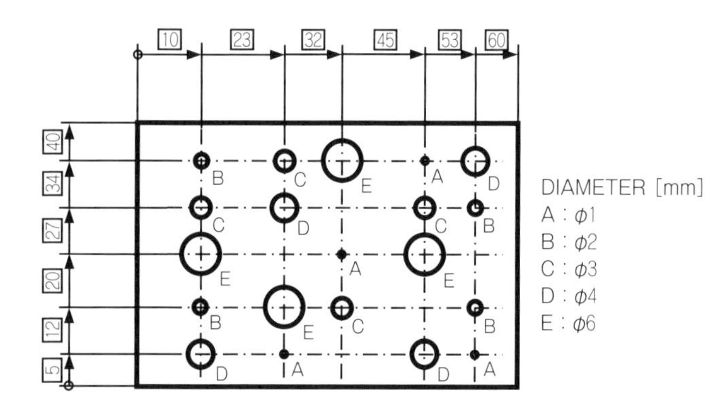

図 80 累進寸法記入法の例

7.10.4 座標寸法記入法

穴の位置や大きさなどは、座標を用いた表形式で表してもよい。この場合、表に記入する座標の値は、図に座標の原点として起点記号と座標軸を表す必要がある。

起点記号を指示する座標原点には、機能や加工方法などの条件を考慮して、直角の二平面や基準穴などをデータムとして選択する（図 81 参照）。

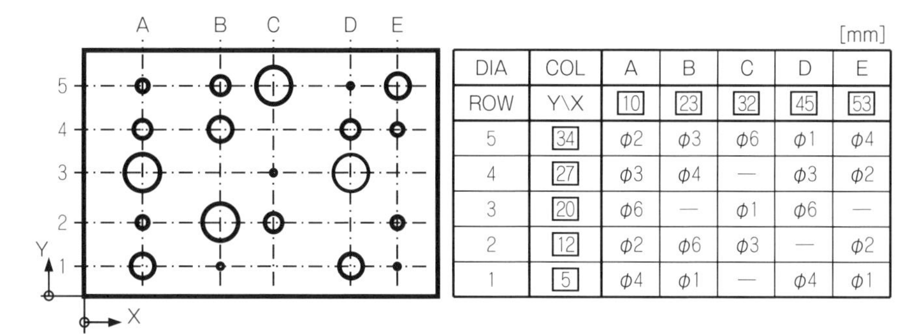

DIA	COL	A	B	C	D	E
ROW	Y\X	10	23	32	45	53
5	34	φ2	φ3	φ6	φ1	φ4
4	27	φ3	φ4	—	φ3	φ2
3	20	φ6	—	φ1	φ6	—
2	12	φ2	φ6	φ3	—	φ2
1	5	φ4	φ1	—	φ4	φ1

図 81 座標寸法記入法の例

7.11 寸法補助記号

7.11.1 半径の表し方

(a) 半径の寸法指示は、半径の記号「R」を半径の寸法数値と共に表す（**図 82** 参照）。

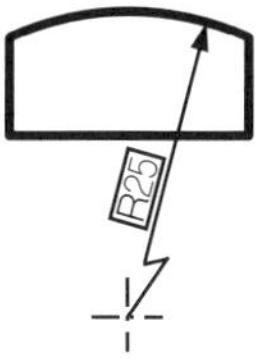

R25

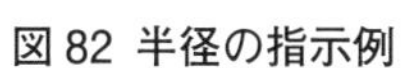

図 82 半径の指示例

(b) 円弧の半径を表す寸法線には、円弧の側にだけ寸法線に矢印を付け、中心の側には端末記号を付けない（**図 83** 参照）。

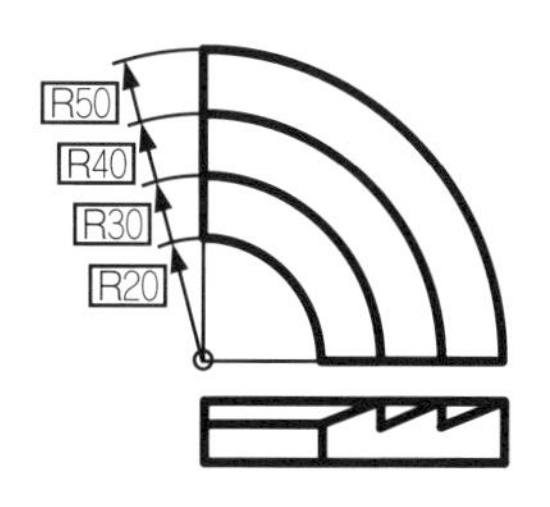

図 83 半径の指示例

(c) 半径の寸法で円弧の中心の位置を示す必要がある場合には、十字又は塗りつぶした丸印でその位置を示す（図 82 参照）。

(d) 円弧の半径が大きくて、その中心の位置を示す必要がある場合に、十分なスペースないときは寸法線の途中を折り曲げてもよい（図 82 参照）。その場合、矢印のある寸法線は円弧の中心に向いていなければならない。

(e) 同一中心をもつ半径は、累進寸法記入法を用いて表してもよい（図 83 参照）。

(f) 図形が実際の形状を表していない場合には、「実 R」（REAL R）を寸法数値の前に付け、展開した状態の半径を表す場合には、「展開 R」（DEVELOPMENT R）を寸法数値の前に付ける（**図 84** 及び**図 85** 参照）。

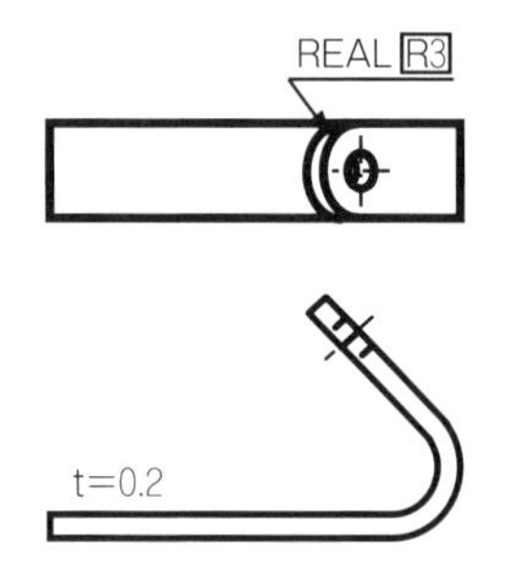

図 84 実 R（REAL R）の指示例

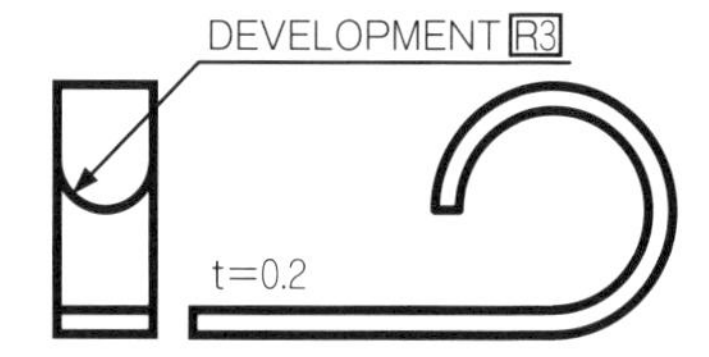

図 85 展開 R（DEVELOPMENT R）指示例

(g) 半径の寸法数値が他の寸法から導ける場合には、半径の寸法数値を丸括弧で囲むか、「(R)」で指示する。両者の意味は同じである（**図 86** 参照）。

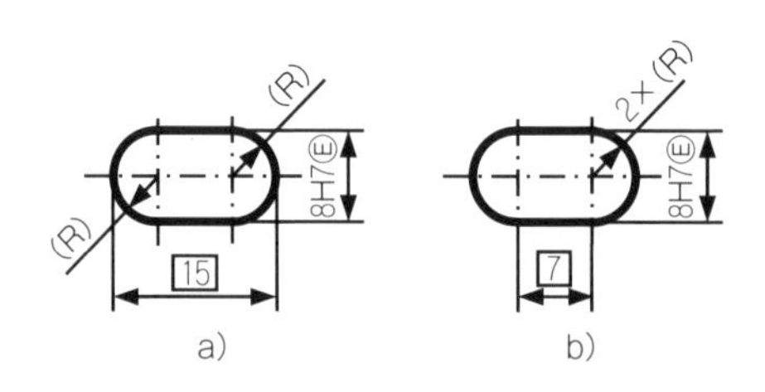

図 86 (R)の指示例

7.11.2　直径の表し方

(a)　直径を表す寸法数値を指示する際には、寸法数値の前に直径記号「φ」を記入する（**図 87** 参照）。

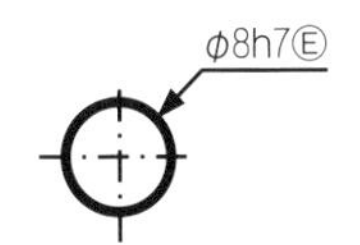

図 87　直径の指示例

(b)　円形の図及び側面図などで円形が表れない図のいずれでも、直径の寸法数値の後に明らかに円形になる加工方法が併記されている場合は、寸法数値の前に直径記号「⌀」は記入しなくてもよい。ただし、この規定は JIS 固有のため、ISO では加工方法を併記しても「⌀」を記入する（**図 88** 参照）。

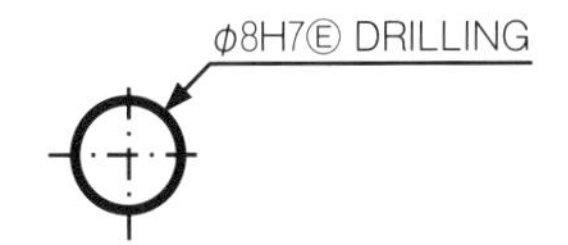

図 88　加工方法を併記した直径の指示例

(c)　直径の異なる円筒形が連続していて、その寸法数値を記入する余地がない場合は、片側に並べて寸法線の延長線及び矢印を描き、直径を記入する（**図 89** 参照）。

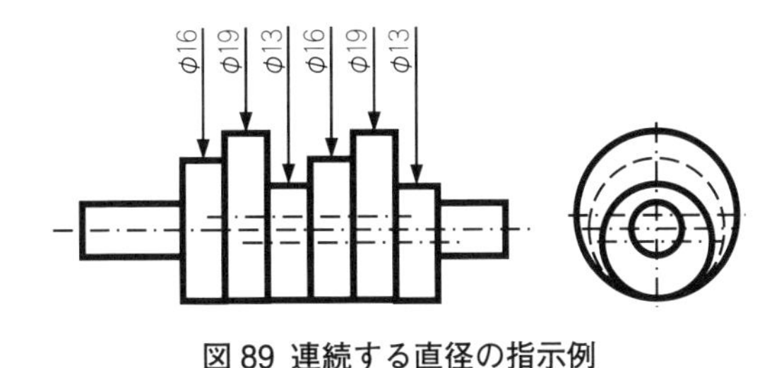

図 89　連続する直径の指示例

7.11.3　球の半径又は直径の表し方

球の直径又は半径の寸法を指示する際には、寸法数値の前に球の記号「S⌀」又は「SR」を記入する（**図 90** 及び**図 91** 参照）。

図 90 球の直径の指示例　　図 91 球の半径の指示例

7.11.4 正方形の辺の表し方

対象とする部分の断面形状が正方形であるとき、二辺の長さ寸法を一辺でまとめて指示する際には、寸法数値の前に正方形の一辺であることを表す記号「□」を記入する（**図 92** 参照）。ただし、正方形の二辺が表れる図がある場合は、二辺それぞれの長さ寸法を記入しなければならない。

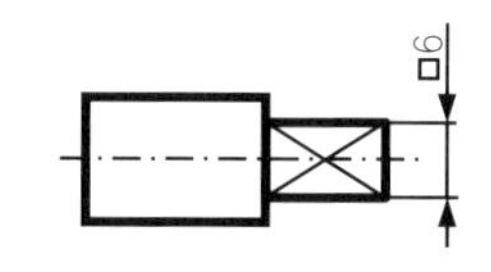

図 92 正方形の辺の指示例

7.11.5 厚さの表し方

板状の部品を主投影図だけで表せる場合は、その図の近傍又は図の中の見やすい位置に、板厚の寸法を記入してもよい。その場合は、寸法数値の前に記号「t」を記入する。なお、ISO 製図では、記号「t＝」を用いる（図 84、図 85 及び図 91 参照）。

7.11.6 弦及び円弧の長さの表し方

(a) 弦の長さの表し方

弦の長さは、弦に直角に寸法補助線を引き、弦に平行な寸法線を用いて表す（P. 80 の図 62 b）参照）。

(b) 円弧の長さの表し方

1) 円弧の長さは、円弧の弦に直角に寸法補助線を引き、その円弧と同心の円弧を寸法線として、寸法数値の上または寸法数値の前に円弧の長さの記号「⌒」を記入する（図 62 d）参照)。

2) 円弧を構成する角度が大きいとき、及び連続して円弧の寸法を記入するときは、円弧の中心から放射状に引いた寸法補助線に寸法線を引いてもよい。この場合で、2 つ以上の同心の円弧のうち、1 つの円弧の長さを明示するときは、次のいずれかによる。

・円弧の寸法数値から、引出線を引き、指示している円弧まで、矢印を引き、指示対象の円弧を明確に示す（**図 93** 参照)。

・円弧の長さを表す寸法数値の後に、円弧の半径を丸括弧に入れて示す。この場合は、円弧の長さの寸法数値の前に円弧の長さの記号「⌒」を記入してはならない。

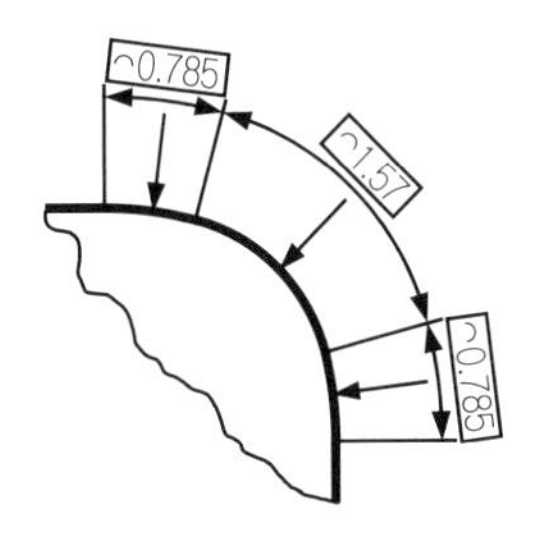

図 93 円弧の長さの指示例

7.11.7　面取りの表し方

面取りは、縦と横の寸法を TED で表し、普通幾何公差を適用するのがよい。特に、逃がし寸法として公差を指示する必要がある場合は、個別指示を行う。

45° の面取りは、「面取りの寸法数値×45°」又は記号「C」に続けて寸法数値を指示して表す。ただし、記号「C」を用いる表し方は JIS 固有であり、日本国外では通用しない（**図 94** 及び**図 95** 参照)。

[備考：面取りは、サイズではないため、寸法を TED で表し、幾何公差で指示する。]

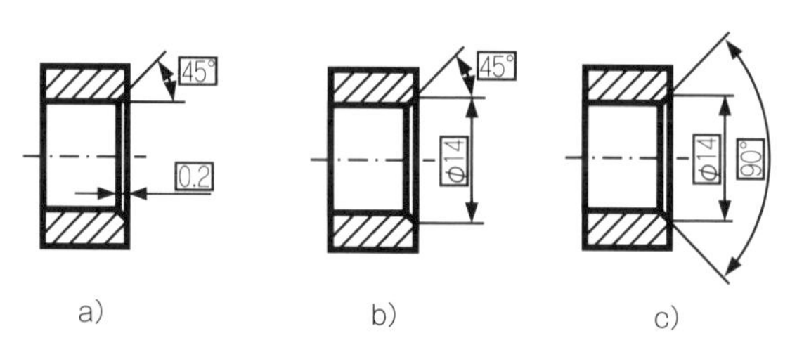

図 94 面取りの指示例

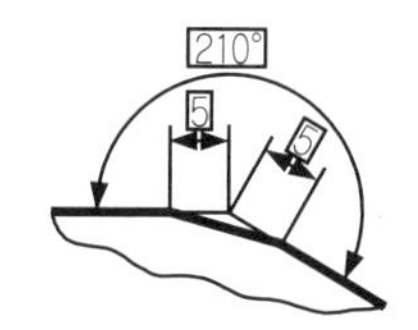

図 95 面取りの指示例

7.11.8　曲線の表し方

(a)　円弧で構成する曲面の寸法は、円弧の半径とその中心又は円弧の接線の位置を TED で表す（**図 96** 参照）。

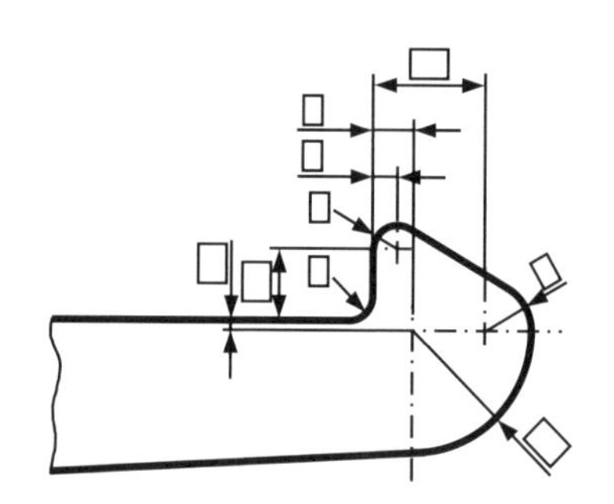

図 96 円弧で構成する曲面の指示例

(b)　曲面又は曲線の寸法は、曲面又は曲線上の任意の点を座標寸法のTEDで表す。円弧で構成する曲面の寸法も、同様に任意の点を座標寸法の TED で表してもよい（**図 97** 参照）。

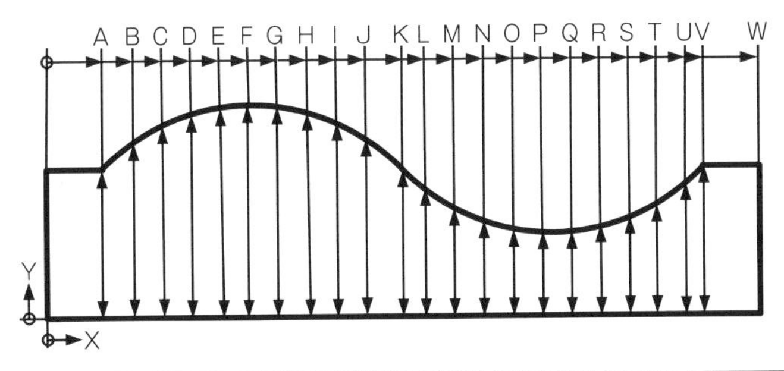

TED	A	B	C	D	E	F	G	H	I	J	K	L	M	N	O	P	Q	R	S	T	U	V	W
X	8	12	16	20	24	28	32	36	40	44	48	53	57	61	65	69	73	78	82	85	89	92	100
Y	20	23.4	25.7	27.3	28.2	28.6	28.4	27.5	26.1	23.7	19.7	17.2	14.5	12.7	11.5	11.2	11.2	12.1	13	14.6	17.7	20	20

図97 曲面の座標寸法の指示例

7.12 はめあい部品の公差

7.12.1　穴の寸法の表し方

(a)　きり穴、打抜き穴、鋳抜き穴など、穴の加工方法による区別を指示する必要がある場合は、工具の呼び寸法又は基準寸法を記入し、それに続けて加工方法の区別を記入する（P. 91の図88参照）。加工方法とその記号や英語表記の詳細は、**表22**、P. 39の表19及び**JIS B 0122「加工方法記号」**を参照。

表22 加工方法の例

加工方法	指示（和）	指示（英）
鋳放し	イヌキ	CASTING
プレス抜き	打ヌキ	PUNCHING
きりもみ	キリ	DRILLING
リーマ仕上げ	リーマ	REAMING

(b)　一群の同一寸法のボルト穴、小ねじ穴、ピン穴、リベット穴などの寸法は、穴から引出線を引き、その総数を示す数字の後に複数の形体指定の記号「×」

に続けて穴の寸法を記入する。この場合、穴の総数は、同一図面内や、同一部位面内や、穴ピッチを指示した同一直線上などで、指示している対象の穴を明確にする（P. 87〜88 の図 76、図 77、図 78、及び図 79 参照）。

(c) 穴の深さを指示するときは、穴の直径を表す寸法数値の後に、記号「↧」又は「深さ」又は「DEPTH」と記入し、深さの寸法数値を記入する。ただし、貫通穴の場合は、穴の深さを記入しない。貫通穴と止まり穴が混在しており、穴が貫通していることを示す必要がある場合は、「通し」又は英語で「THRU」と書いてもよい。なお、穴の深さとは、ドリルなどの先端の円すい部やリーマの先端の面取り部などを含まない穴の直径の円筒部の深さをいう（**図 98** 及び**図 99** 参照）。

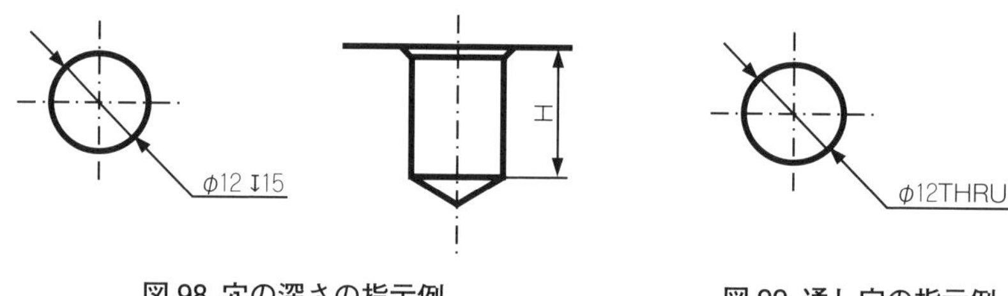

図 98 穴の深さの指示例　　**図 99 通し穴の指示例**

(d) 座ぐりの表し方は、座ぐりの直径を表す寸法の次に「座ぐり」を記入する。一般に鋳物部品の表面を薄く削り取る程度の場合は、座ぐりを表す記号を書かず、その深さも指示しない。また、「座ぐり」は平仮名の「ざぐり」、片仮名の「ザグリ」、漢字と片仮名の「座グリ」でもよい。英語表記の場合は、その加工方法を「SPOT FACING」（鋳物の表面を薄く座ぐり加工すること）と書いてもよい（**図 100** 参照）。

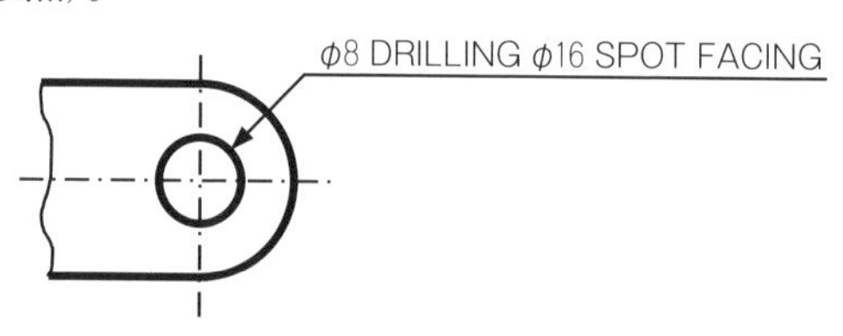

図 100 座ぐりの指示例

(e)　ボルトの頭を沈める場合などに用いる深座ぐりの表し方は、記号「⌴」を書き、深座ぐりの直径を表す寸法に続き、複数の形体指定の記号「×」を書き、次に座ぐりの深さの寸法数値を記入する（**図 101** 参照）。ただし、深座ぐりの底の位置を反対側の面からの長さ寸法で指示する必要があるときは、寸法線を用いて示す。英語表記で記号を用いない場合は、その加工方法を「COUNTER BORING」（ボルト頭を隠すためなどに深座ぐり加工すること）と書いてもよい（**図 102** 参照）。

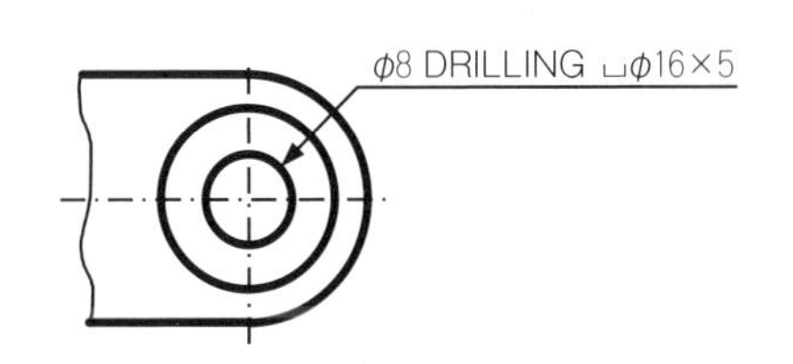

図 101　深座ぐりの指示例(1)

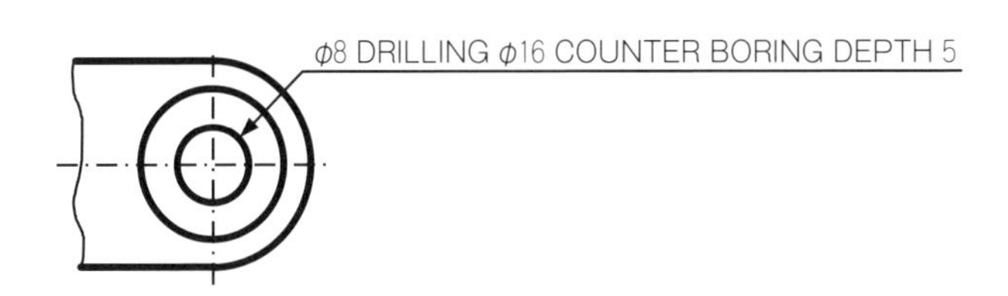

図 102　深座ぐりの指示例(2)

(f)　皿ねじなどの円すい形の頭を沈める場合などに用いる皿座ぐりの表し方は、穴の直径を表す寸法の後に、記号「⌵」を書き、皿座ぐりの口元の直径を表す寸法に続き、複数の形体指定の記号「×」を書き、次に皿座ぐりの角度の寸法数値を記号「°」と共に記入する（**図 103** 参照）。ただし、皿座ぐりの底の位置を反対側の面からの長さ寸法で指示する必要があるときは、寸法線を用いて示す。英語表記で記号を用いない場合は、その加工方法を「COUNTER SINKING」と書いてもよい。

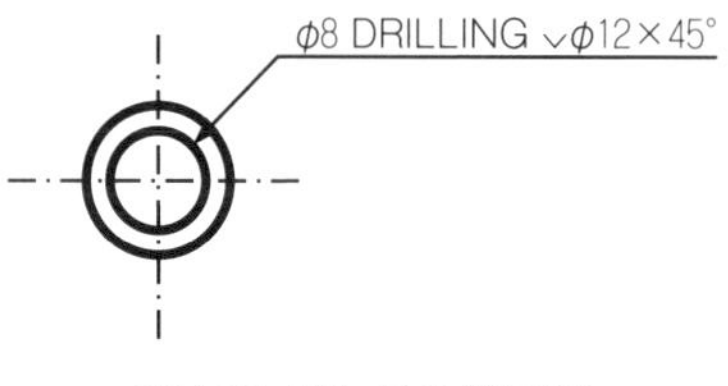

図 103 皿ねじの指示例

(g) 長円の穴は、穴の機能や加工方法に応じた寸法記入を行う（図 104 参照）。

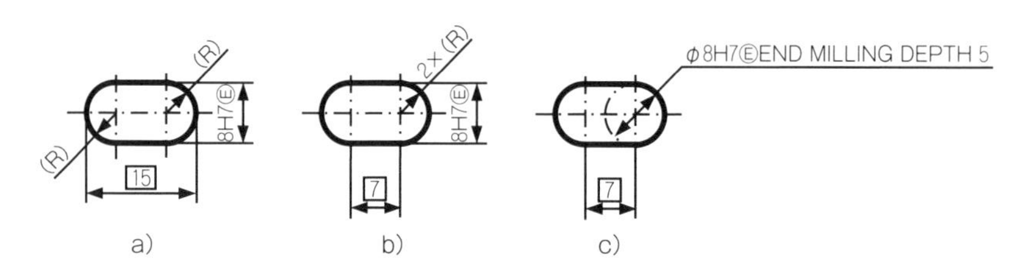

図 104 長円の穴の指示例

(h) 傾斜した穴の深さは、穴の中心軸線上の深さ寸法で表すか、又は寸法線を用いて指示する（図 105 参照）。

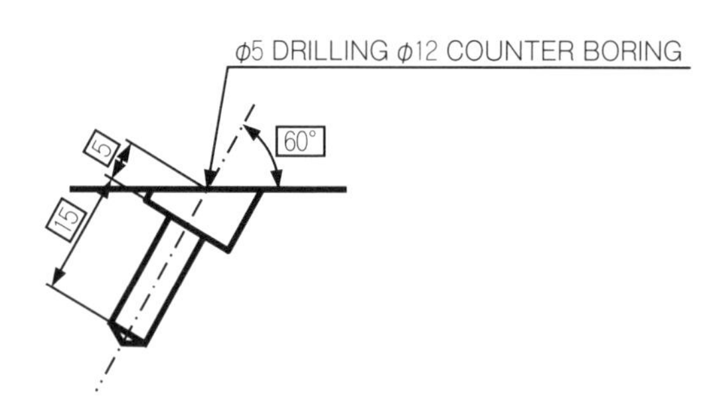

図 105 傾斜した穴の指示例

7.11.2 軸のキー溝の表し方

(a) 軸のキー溝は、キー溝の幅、深さ、長さ、位置及び端部を表す寸法で指示する（図 106、図 107 及び図 108 参照）。ただし、測定できる寸法で指示するのが望ましい。

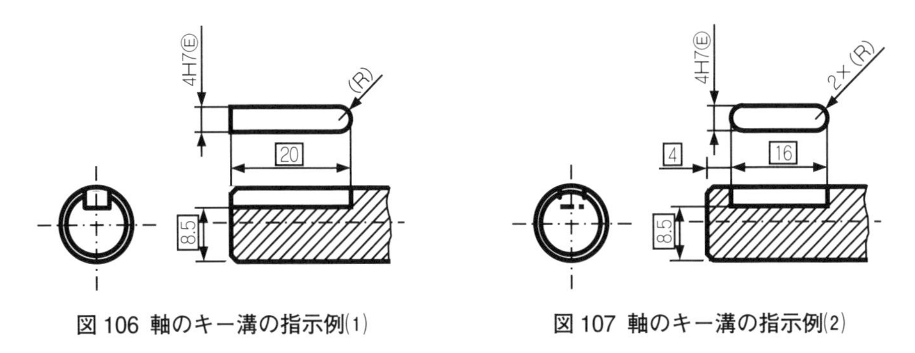

図 106 軸のキー溝の指示例(1)　　図 107 軸のキー溝の指示例(2)

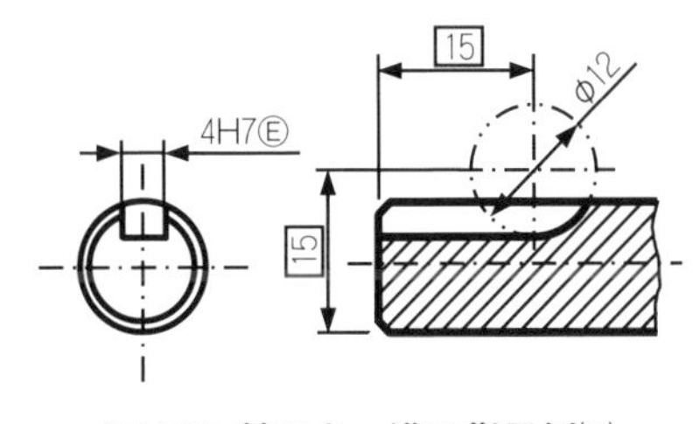

図 108 軸のキー溝の指示例(3)

(b)　キー溝の端部をフライスなどで仕上げる場合の加工図では、基準の位置から工具（刃物）の中心までの距離と直径とを指示する（**図 109** 参照）。

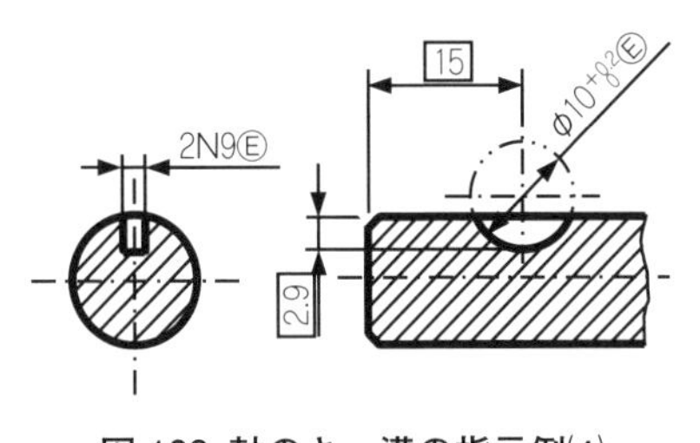

図 109 軸のキー溝の指示例(4)

(c)　キー溝の深さは、キー溝を加工する前の軸径の面からキー溝の底までの寸法（切込み深さ）で表す（図 109 参照）。

(d)　キー溝の深さは、キー溝と反対側の軸径の面からキー溝の底までの寸法を寸法線で表してもよい（図 106 及び図 107 参照）。

7.11.3　穴のキー溝の表し方

(a)　穴のキー溝は、キー溝の幅及び深さを表す寸法で指示する（**図 110** 及び**図 111** 参照）。ただし、測定できる寸法で指示するのが望ましい。

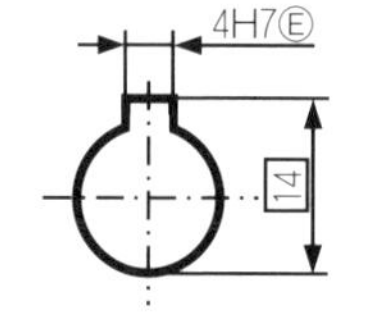

図 110　穴のキー溝の指示方法(1)

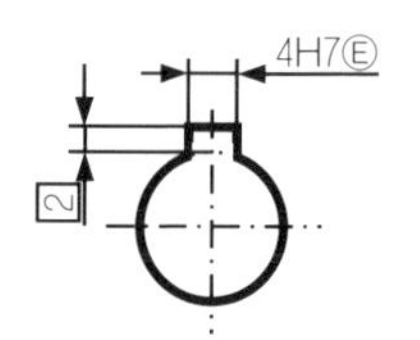

図 111　穴のキー溝の指示例(2)

(b)　キー溝の深さは、キー溝と反対側の穴径面からキー溝の底までの寸法で表す（図 110 参照）。ただし、特に必要な場合は、キー溝の中心面における穴径面からキー溝の底までの寸法で表してもよい（図 111 参照）。

(c)　勾配キー用のボスのキー溝の深さは、キー溝の深い側で表す（**図 112** 参照）。

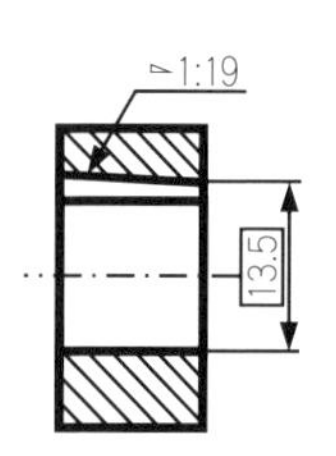

図 112　穴のキー溝の指示例(3)

第８章
幾何公差の表し方

3DAモデルにおいても2D図面においても、サイズ公差で表す以外の寸法は、幾何公差を用いて表す。この章では、2D図面と3DAモデルに関する幾何公差の表し方について説明する。

8.1 幾何公差の基本的な考え方

ここでは、幾何公差で指示する際の考え方について説明する。

① サイズ公差と幾何公差を用いて、機能要求に合うように、その仕様を表す。

② 幾何公差の指示は、必ずしも特定の加工方法や測定方法を意味するわけではない。形状や仕様を実現し、それを検証するためには、密接に関わる場合があるので注意する。

③ 幾何公差では、理想的な形状をTEDで示し、形状として許容できる範囲を公差域として指示する。

④ 幾何公差の公差値はミリメートル単位とする。

⑤ 幾何公差の指示対象は、形体（点、線、面）であり、基本的には、外殻形体（部品の表面）に指示を行う。公差を指示した形体のことを公差付き形体という。指示対象の形体が、サイズ形体の場合だけ、その誘導形体（中心点、中心線、中心面）に幾何公差を指示することができる。

⑥ 特別に指示した場合を除き、幾何公差の公差域は、指示された対象の図示形体に対して空気側へと材料側への両側へ対称的に公差値を振り分けて適用する。公差値は、公差域の幅を表す。特別に指示した場合を除き、公差域の幅の方向は対象の形体に対して法線方向に適用する。指示線にTEDで適用方向を指示している場合を除き、指示線の向きが公差域の適用方向に影響することはない。

⑦ 幾何公差の公差域の形状は、次のいずれかとなる。

—平面上で公差値を直径にもつ円形の内側の面内の領域（**図113**参照）

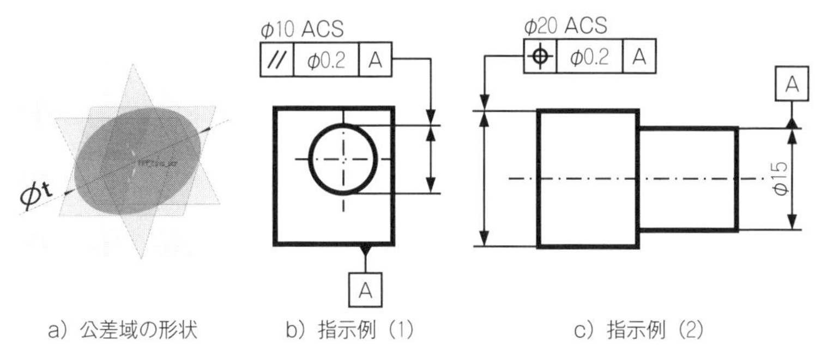

a）公差域の形状　b）指示例（1）　c）指示例（2）

図 113 平面上で円形の公差域

―平面上で幅の公差値を間隔にもつ同心円間の面内の領域（**図 114** 参照）

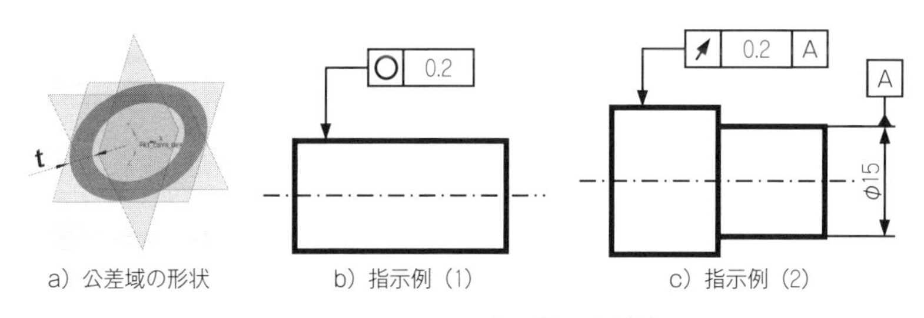

a）公差域の形状　b）指示例（1）　c）指示例（2）

図 114 平面上で同心円間の公差域

―円すい面上で幅の公差値の幅をもつ軸に直角な２つの円の間の面内の領域（**図 115** 参照）

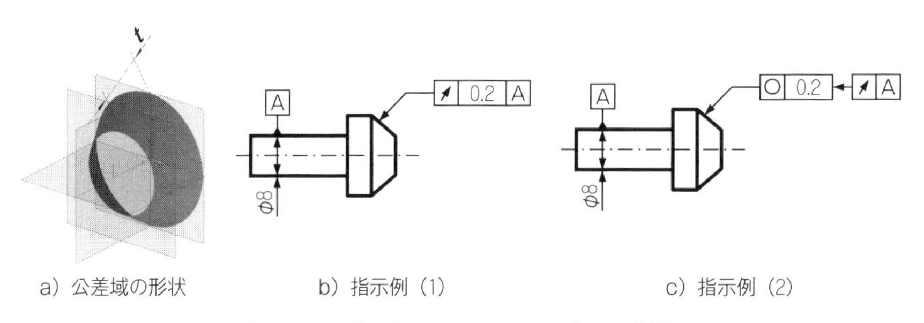

a）公差域の形状　b）指示例（1）　c）指示例（2）

図 115 円すい面上で２つの円間の公差域

―円筒面上で幅の公差値を間隔にもつ２つの円筒軸に直角な円の間の面内の領域（**図 116** 参照）

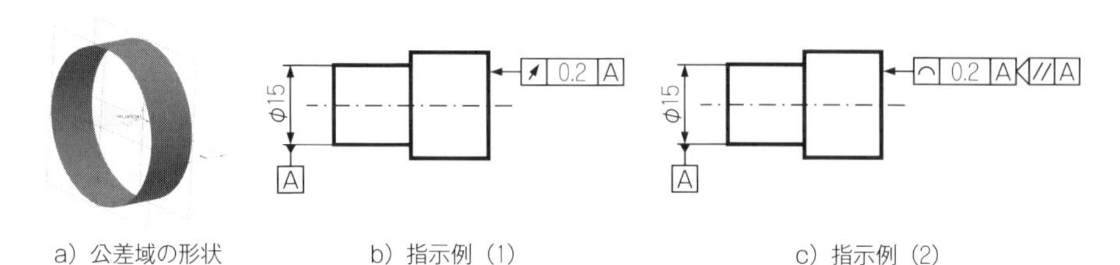

a）公差域の形状　b）指示例（1）　c）指示例（2）

図 116 円筒面上で 2 つの円間の公差域

—幅の公差値を間隔にもつ平行な二平面間における平面に直角な二直線又は二曲面間の面内の領域（図 117 参照）

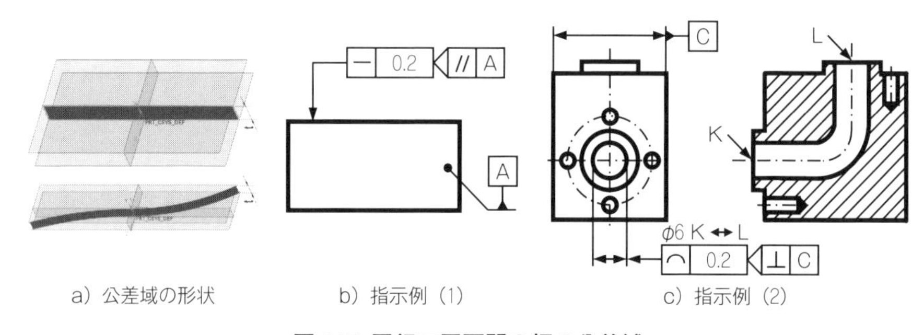

a）公差域の形状　b）指示例（1）　c）指示例（2）

図 117 平行二平面間の幅の公差域

—始点の間隔と終点の間隔の 2 つの幅の公差値が指示されており、一方の平面に対して角度をなす他方の二平面における、一方の平面に直角な二直線又は二曲面間の面内の領域（図 118 参照）

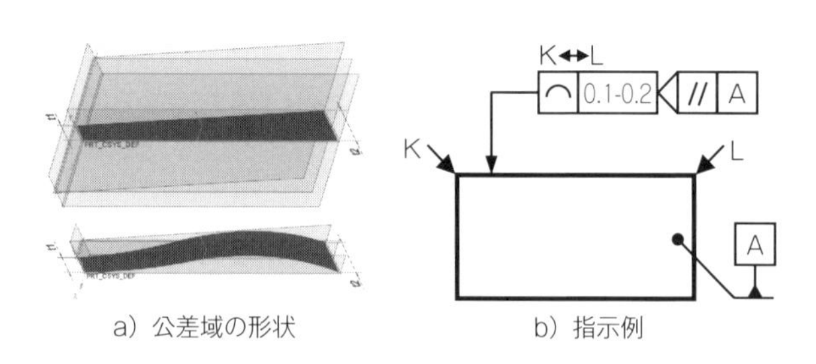

a）公差域の形状　b）指示例

図 118 始点と終点の公差値をもつ幅の公差域

—公差値を直径にもつ円筒内の空間の領域（**図 119** 参照）

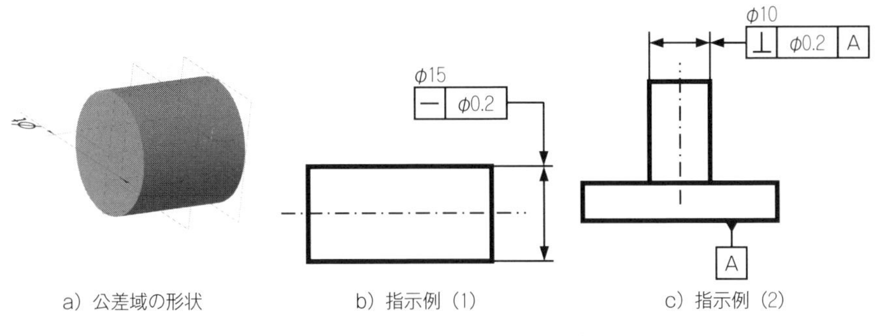

図 119 円筒内の空間の公差域

—同軸で幅の公差値を間隔にもつ2つの円筒の間の空間の領域（**図 120** 参照）

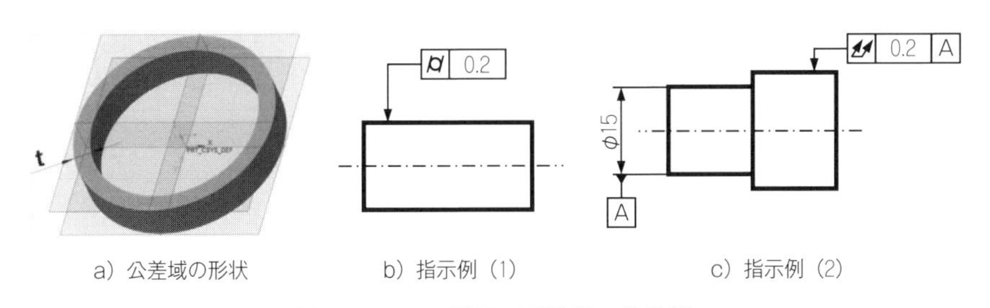

図 120 2つの同軸の円筒間の公差域

—同軸で始点の直径と終点の直径の2つの公差値で連続的に距離に比例して変化する形状が定義できる円すい内の空間の領域（**図 121** 参照）

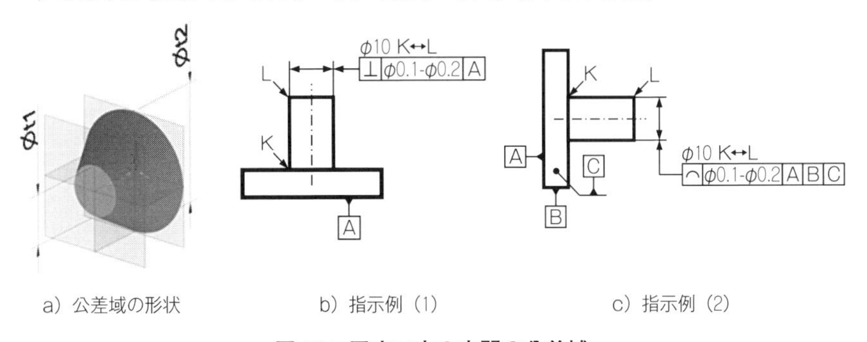

図 121 円すい内の空間の公差域

—曲面上で幅の公差値をもつ面内の領域（**図 122** 参照）

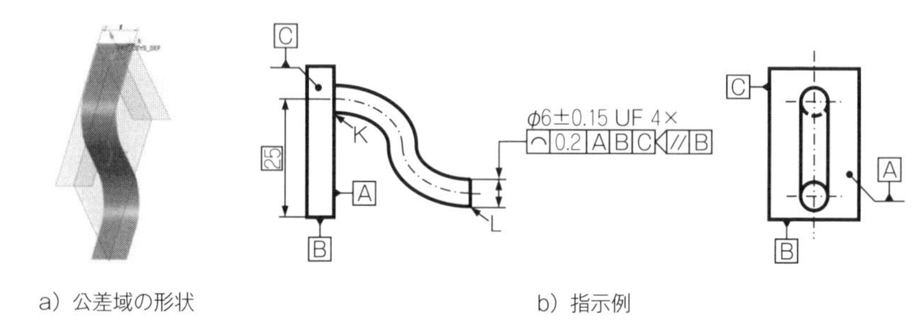

a）公差域の形状　　b）指示例

図 122　曲面上で幅の公差域

—幅の公差値を間隔にもつ平行な曲面間又は平面間の空間の領域（**図 123** 参照）

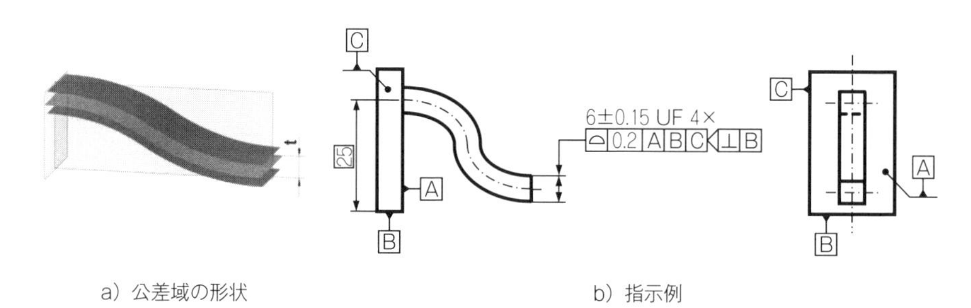

a）公差域の形状　　b）指示例

図 123　平行な曲面間又は平面間の公差域

—公差値を直径にもつ球内の空間の領域（**図 124** 参照）

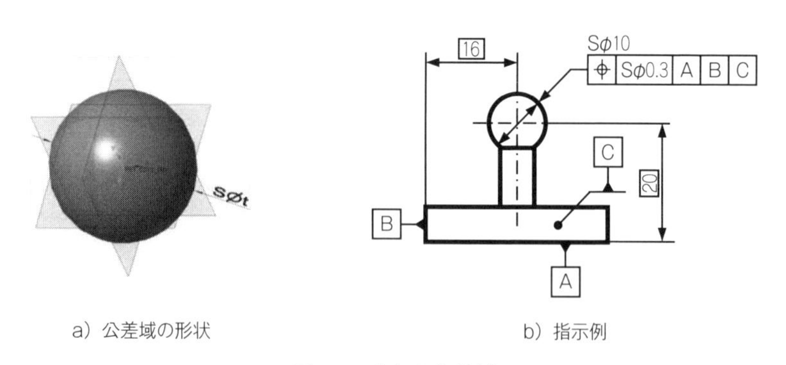

a）公差域の形状　　b）指示例

図 124　球内の公差域

—始点の間隔と終点の間隔の 2 つの幅の公差値で定義できる連続的に距離に比例

して変化する曲面又は平面の空間内の領域（**図125**参照）

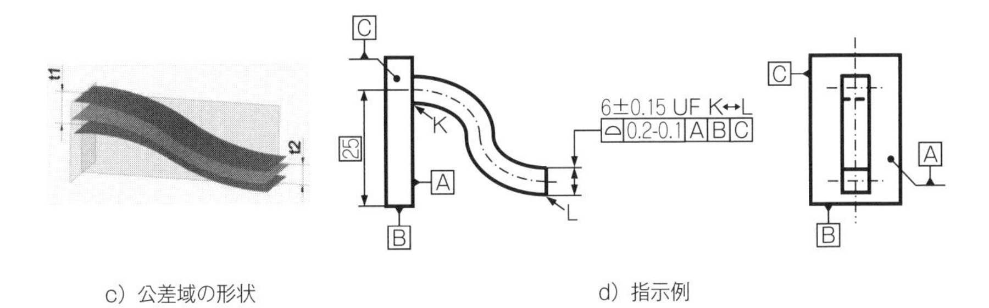

図125 始点と終点の公差値をもつ曲面間の公差域

⑧ 公差付き形体は、公差域内であれば任意の形状であってよい。ただし、注記などで公差域の形状に対する指示がある場合はそれに従う。

⑨ 公差付き形体に指示されている仕様は、その形体全体に適用する。

⑩ データム系に設定した形体へは、それらのデータム間の関係性を定義する適切な幾何公差を指示する必要がある（**図126**参照）。

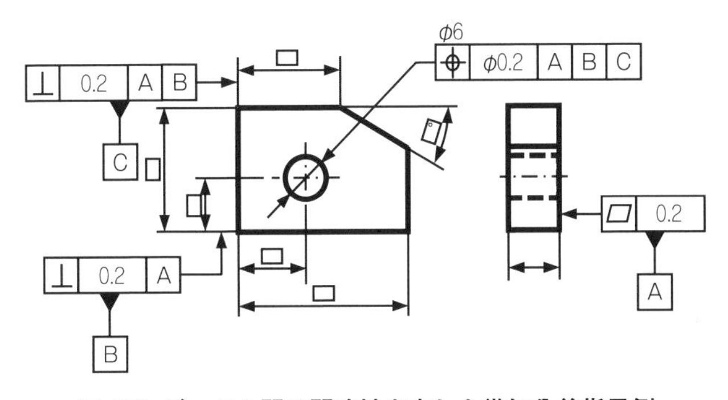

図126 データム間の関連性を表した幾何公差指示例

⑪ 機能要求を満たすためには、1つの公差付き形体へ、必要に応じて複数の幾何公差を指示することができる。ただし、指示した幾何公差に不整合があってはならない。位置公差は、同じ公差値の姿勢公差と形状公差を含み、姿勢公差には同じ公差値の形状公差を含む。また、公差付き形体の関係性が循環して無限ループとならないようにする。

⑫ 誘導形体への指示において、公差域を適用する方向をもつ場合、オリエンテ

ーションプレーン指示記号又は姿勢拘束限定記号「><」を用いて、その適用方向を指示する（図117、図118、図122及び図123参照）。

⑬　公差域が幅ではなく、円形又は円筒形の場合は記号「⌀」を、球形の場合は記号「S⌀」を公差値の前に付記する（図119及び図124参照）。

⑭　部品は、その要求仕様を満たすための設計情報が、2D図面や3DAモデルに表現されている必要がある。必要に応じて、補足説明資料を添付してもよいが、部品の要求仕様を満たすために必要であることを2D図面や3DAモデル内に記載しておく必要がある。

⑮　部品の寸法を評価するためには、部品全体に何らかの公差が指示されている必要がある。あいまいなところや指示漏れがあると、それに関する評価はされない。

なお、本書では、幾何特性の多数の記号を使わなくてもよいように、オールマイティである、面の輪郭度、線の輪郭度、位置度についてだけ、説明する。他の記号を使わないことで、人が見た場合にわかりにくくはなるが、指示できる公差域としては、すべての設計意図を指示できる。念のため、加工者や測定者へは、これらの3つの指示だけを使って表現していることを伝えたほうがよい。

8.2 公差付き形体

①　外殻形体への指示

指示対象と指示方法により、指示線と、その端末記号を次の2種類で表す。

―指示線の向きは公差域の方向を示すため、基本的には公差を指示する面に直角に向ける。その場合、指示線の端末記号は塗りつぶした矢印を用いる（**図127**及び**図128**参照）。面に直角な方向以外に公差域の方向を設定する場合は、その指示線に角度TEDを指示する（**図129**参照）。

2D図では外形線を延長した線上に、公差記入枠の指示線を付けてもよいが、3DAモデルでは外形からの延長線を用いず、指示面に直接付ける。

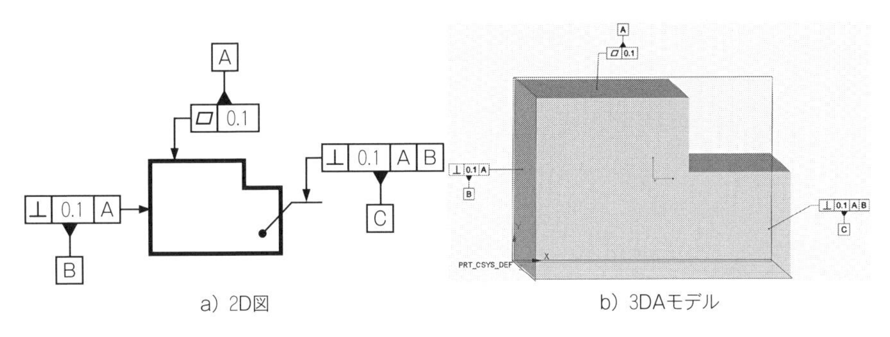

図 127 外殻形体への指示例 1

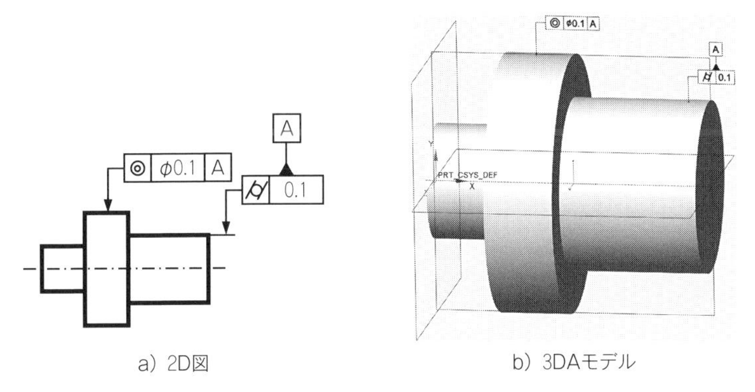

図 128 外殻形体への指示例 2

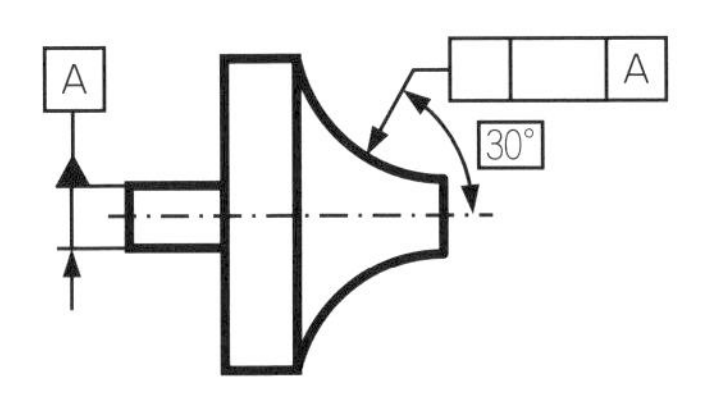

図 129 外殻形体の指示例 3

―指示面全体が指示対象の公差付き形体である場合は、指示線の向きは任意であり、面内から引出した指示線の端末記号には塗りつぶした丸印「●」を用いる（**図 130** 参照）。

指示対象が面上の母線である場合、インターセクションプレーン指示記号を用いてその適用方向を指示する（図 130 参照）。

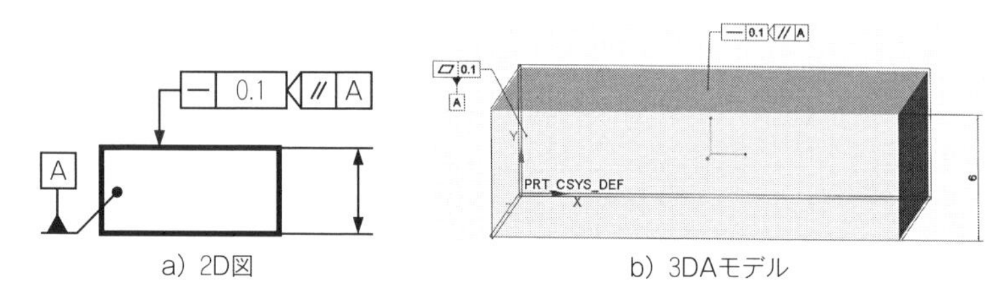

図 130 外殻形体への指示例 4

② 誘導形体への指示

サイズ形体が指示対象の場合のみ、その誘導形体へ指示することができる。

サイズ形体の大きさを表す寸法線の矢印に付けて同じ向きに延長した指示線を用いる。その場合、指示線の端末記号は塗りつぶした矢印を用いる（**図 131** 及び**図 132** 参照）。

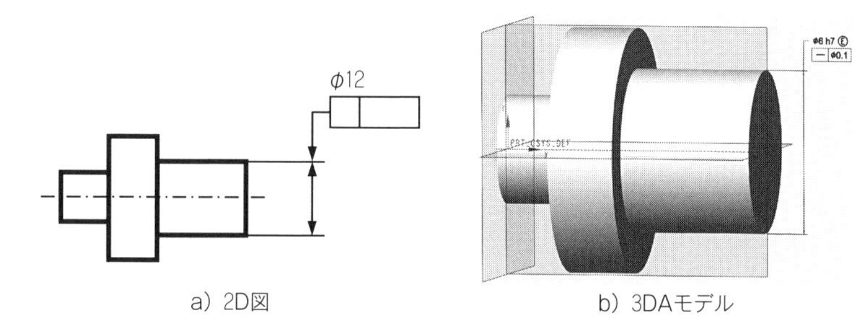

図 131 誘導形体への指示例 1

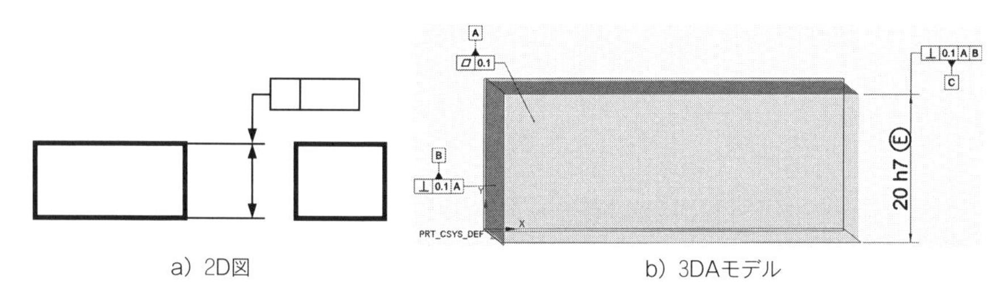

図 132 誘導形体への指示例 2

指示対象のサイズ形体が回転体の場合だけ、公差記入枠の公差値の後ろへ誘導形体への指示を表す記号「Ⓐ」を付ける。その場合、指示線の向きは任意であり、その端末記号には塗りつぶした矢印、3DA モデルでは塗りつぶした丸印（●）を用いる（**図 133** 参照）。

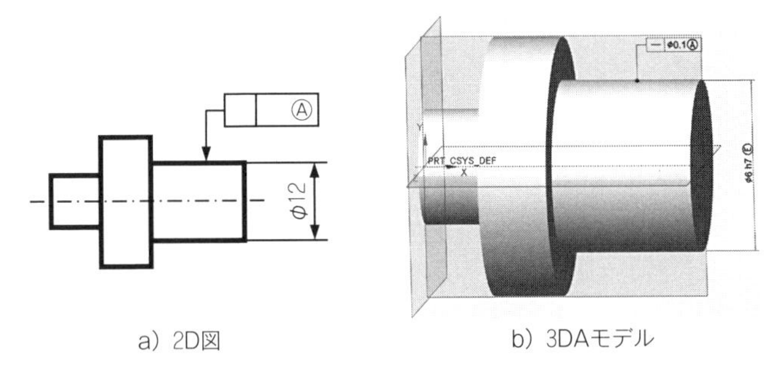

a）2D図　　b）3DAモデル

図 133 誘導形体への指示例 3

8.3 公差記入枠の指示方法

理論的に正確な形体（TEF）を 2D 図に投影図などと理論的に正確な寸法（TED）で表し、または 3D CAD でモデルを作成することで定義し、サイズ公差や幾何公差を使って、その各形体に許容する公差を指示する。サイズ公差の場合は、先に第７章で説明したように寸法線を用いて表す。一方の幾何公差については、公差記入枠（Tolerance Indicator）を用いて表す（**図 134** 参照）。

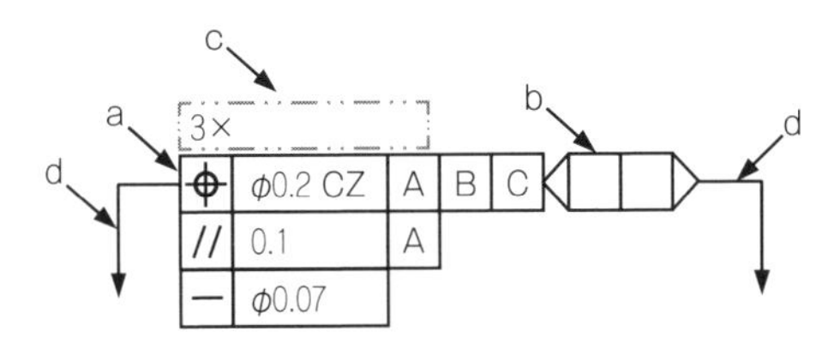

a：公差記入枠
b：平面と形体の指示記号
c：隣接指示
d：指示線（片方だけ又は両方とも）

図 134 公差記入枠周囲の構成

「公差記入枠」は、「平面と形体の指示記号」及び「隣接指示」で構成する。隣接指示には、その公差記入枠で一括して指示する対象の形体の数やサイズ公差及び付随する仕様などを表記する。隣接指示の配置は、公差記入枠のすぐ上側がよいとされているが、それ以外に、すぐ下側又は公差記入枠の並びで指示線の引出しがない側でもよい（図 134 参照）。ただし、ひとつの図面内では混用してはいけない。

公差記入枠から引出す指示線は、左端、右端又は両端からのいずれでもよい。左端又は右端のひとつの枠の高さの中央に付ける（図 134 参照）。公差記入枠に、平面と形体の指示記号を付記する場合は、公差記入枠の右端に付ける。隙間は空けない。必要な指示分を連ねて付ける。指示線をつける場合は、一番右側の「平面と形体の指示記号」の右端の枠の高さの中央に付ける（図 134 参照）。

「平面と形状の指示記号」は、測定の姿勢を明確に指示するためのものであり、2D 図及び 3DA モデルの両方で用いる。

公差記入枠は、左側から順に「記号区画」、「公差域、形体、特性の区画」及び「データム区画」で構成する。データム区画は形状公差の場合は不要で、姿勢公差と位置公差の場合は 1 つから 3 つのデータムを、データムの優先順位に従って、指示の要件を満たす自由度の拘束を行えるデータムの分だけ付ける（図 135 参照）。

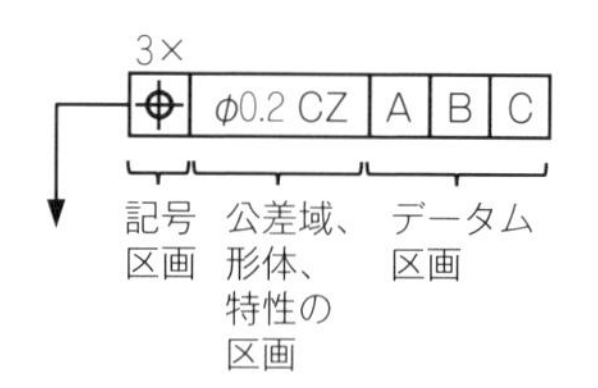

図 135 公差記入枠内の構成

「公差域、形体、特性の区画」内の指示は、順番が決まっている。主なものを図 136 に示す。本書では扱わないフィルタや当てはめに関する記号や詳細は、「ISO 1101 の 8.2.2」を参照する。

隣接指示に複数の指示を行う場合は、指示と指示の間に半角スペースを 1 つ挿入して連ねる（図 134 参照）。指示は、次の順序で並べる。

① 指示対象の形体が複数ある場合には、その数 n を複数の形体指定の記号を用いて「n×」と記入する。また、「パターンの指示」の場合には、その数 m と n

公差記入枠における「公差域、形体、特性区画」の指示の順番									
項目	公差域					公差付き形体		実体状態	自由状態
	形状	公差値等	結合	オフセット	拘束	関連公差付き形体	誘導形体等		
指示例	⌀ S⌀	0.1 0.1-0.2 0.1/5 0.1/3×3 0.1/⌀2 0.1/5×45° 0.1/30°×30°	CZ SZ	UZ+0.1 UZ−0.2 UZ+0.1：+0.2 UZ+0.1：−0.3 UZ−0.1：−0.3	OZ VA ><	Ⓒ Ⓖ Ⓝ Ⓣ Ⓧ	Ⓐ Ⓟ Ⓟ10 Ⓟ15-8	Ⓜ Ⓛ Ⓡ	Ⓕ
順番	①		②	③	④	⑤	⑥	⑦	⑧

図 136 公差記入枠における「公差域、形体、特性の区画」の指示の順番

を「$m\times n\times$」と記入する。

② 「サイズ公差」を記入する。または、「図示サイズ」と「はめあい公差」を記入する。

③ 「区間指示」を記入する。

④ 「ユナイテッドフィーチャ」を用いる場合は、その記号「UF」とその形体の数 n を複数の形体指定の記号を用いて「$n\times$」と記入する。形体の数の代わりに③の「区間指示」を用いてもよい。

⑤ 適用対象の公差付き形体が、横断面を表す場合、記号「ACS」又は記号「SCS」を記入する。

⑥ ねじ形状又はギア形状の場合は、指示対象を特定させる記号「MD」、記号「PD」又は記号「LD」のいずれかを記入する。

機能要求により、必要に応じて、複数の公差記入枠を積み重ねることができる。この場合、一連のデータム系において、公差記入枠の積み重ね内で、公差値が降順で小さくなるようにする（図134参照）。参照の異なる複数のデータム系の積み重ねを行う場合は、異なるデータム系の公差記入枠が混ざらないように上下に分けて積み重ねたほうが解釈しやすい。

複数の公差記入枠を積み重ねた場合、その指示線は、一番上の公差記入枠の左端又は右端のひとつの枠の高さの中央に付ける。2D 図及び 3DA モデルの両方に適用する（図 134 参照）。

8.4 回転体やくさび形の任意の横断面への指示方法

円筒形や円すい形などの回転体の軸線に直角な任意の横断面や、くさび形状の中心平面に直角な任意の横断面に指示を行いたい場合は、公差付き形体の指示線を回転体の直径の矢印に付けて指示するか、又はくさび形状の角度サイズの矢印に付けて指示し、その公差記入枠の隣接指示部に記号「ACS（Any Cross Section）」を付記する（図 113、**図 137** 及び**図 138** 参照）。記号「ACS」を指示すると、どの横断面においても、指示を満足している必要がある。

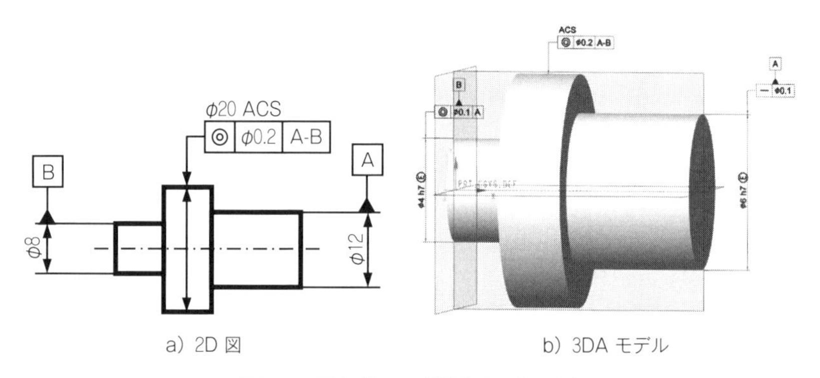

a）2D 図　　b）3DA モデル

図 137 回転体への横断面の指示例

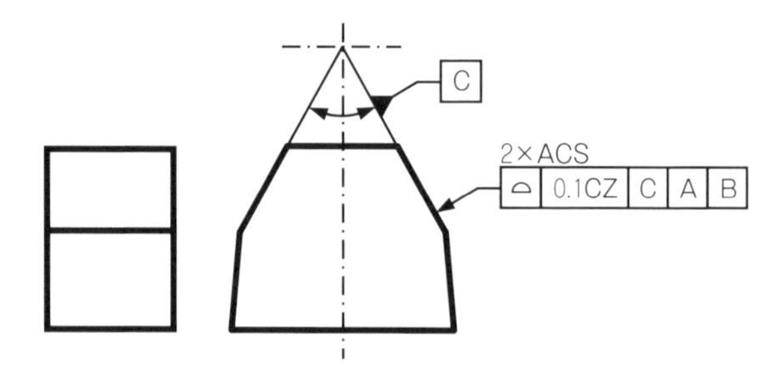

図 138 くさび形体への横断面の指示例

8.5 閉じた領域の指示方法

ある領域を区切って表し、その領域への指示を行う場合は、始点や終点などの領域のかど部に引き出し線でその位置を文字で示し、公差記入枠に区間指示記号を用いてその対象領域を表す。複雑な形状の領域の場合もTEDで領域の境界を表し、文字で領域を区切る。なお、3DAモデルでは、対象領域の形体に関連付けを行うことで区別できるため、場合によっては区間指示記号を行わなくてもよい場合がある（3DAモデルから2D図面を作成する場合は、区間指示記号を用いて描き替える必要がある）。指示対象の形体が複数ある場合は、その形体の個数を複数の形体指定の記号を用いて「n×」として公差記入枠の隣接指示に付記する。または、ひとつの公差付き形体とみなす場合は、記号「UF」を付記する（図123参照）。この「n×」や「UF」によって、複数の形体を切れ目なく連続して連ねた形体のことを「複合連続形体」（compound continuous feature）という。「閉じた形体」（closed feature）ともいう。

ある形体内の一部だけを領域として指示する場合は、その領域を太い一点鎖線で囲み、その面内をハッチングなどで区別する［**図139** a）参照］。面内から塗りつぶした黒丸の端末記号で指示線を引出して、公差記入枠へ関連付ける。3DAモデルでは、対象面の一部を面分割して元の対象面から分離することで指示部の明確化を行う［図139 b）参照］。ただし、面を分離することで、それが元はひとつの形体であったことが不確かとなるので注意が必要である。

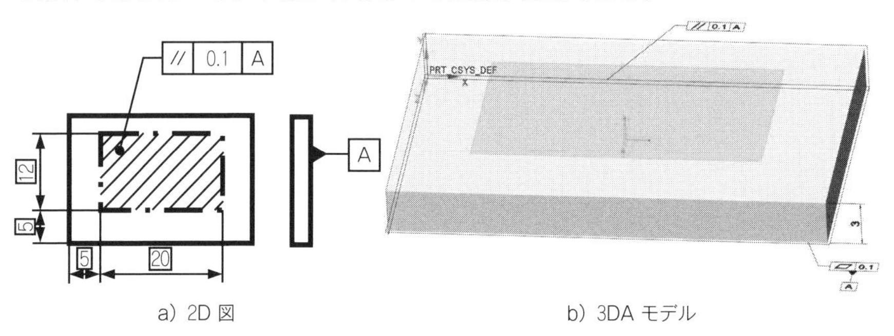

図139 閉じた領域の指示例1

領域を太い一点鎖線で囲む代わりに、領域のかど部を指示線で示し、文字記号で公差記入枠に区間指示することもできる。ただし、この場合、3DA モデルで指示対象の領域を関連付けしておき、クエリで明確に領域を示すことができなくなるので注意する（**図 140** 参照）。

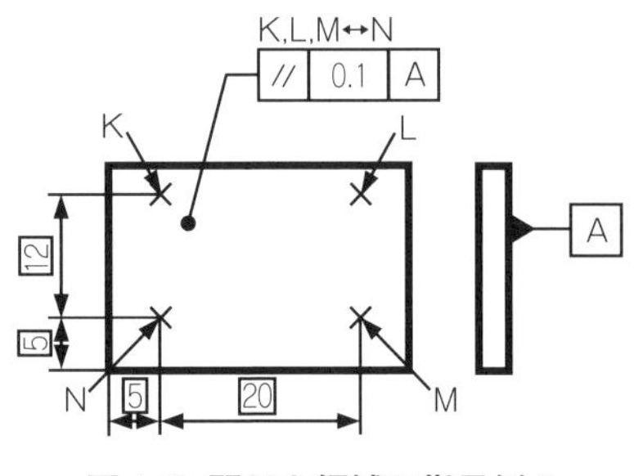

図 140 閉じた領域の指示例 2

2D 図で指示対象部に直角な投影図で表す場合は、投影図に外形線から少し離れたところに「太い一点鎖線」で対象領域を示すこともできる［**図 141** a）参照］。指示対象形体の形状がすべて表れている投影図では、指示対象の形体から引出した参照線上に公差記入枠の指示線の矢印を付けて間接的に指示する指示方法がよく用いられる［図 141 b）参照］が、CAD でその表現ができない場合は、公差記入枠の指示線を直接、指示対象面内を指示し、端末記号を塗りつぶした丸印にしてもよい［図 139 a）参照］。

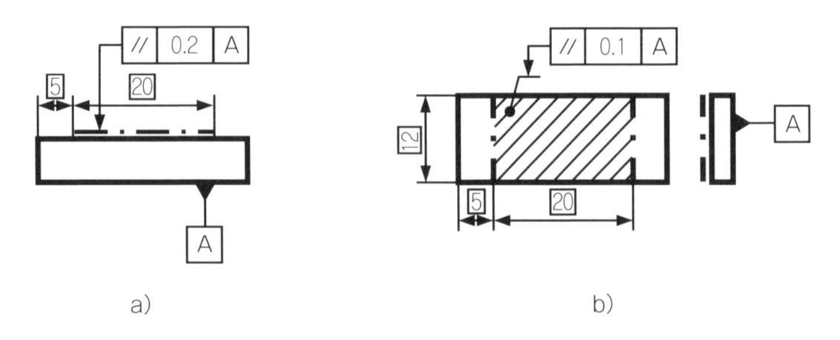

図 141 閉じた領域の指示例 3

8.6 開いた領域の指示方法

開いた領域の指示を行う場合は、始点と終点に区間指示を行い、その指示を行う公差記入枠へ区間指示記号「↔」で対象領域の指示を行う。「開いた形体」(non-closed feature) ともいう。

開いた領域の指示で区間指示を行った場合は、デフォルトでは独立の原則に従い、指示対象の各形体が独立しているとみなすが、お互いに関連をもつ場合は、記号「CZ」又は記号「UF」を指示する。この場合、指示対象の形体はすべて単一の形体とみなす（P.106～107 の図 122、図 123 及び図 125 参照）。この記号「CZ」や記号「UF」によって、複数の形体を切れ目なく連続して連ねた形体のことを複合連続形体という。

8.7 ねじやギアの指示方法

ねじやギアなどへ指示を行う場合は、指示対象を明確化しなければならない。例えば、おねじの外径やめねじの谷径の場合は記号「MD」を、おねじの谷径やめねじの内径の場合は記号「LD」を、ピッチ円直径の場合は記号「PD」を公差記入枠の隣接指示に付記する（8.8 節図 142 参照）。なお、記号の指示がない場合はピッチ円直径とみなす。

8.8 パターンの指示

複数の穴や軸を１つの公差記入枠でまとめて指示する場合を、パターン仕様という。パターン仕様では、場合によって、１つのパターン内の相対位置の指示や絶対位置の指示をひとまとめで指示することができる。絶対位置とはデータム系からの位置を意味する。パターン仕様では、複数の形体指定の記号「n×」と記号「CZ」及び記号「SZ」を用いる。ひとつの公差記入枠で複数の形体に対する指示を行う場合には（すなわち、パターン仕様では）、必ず記号「CZ」又は記号「SZ」のどちらかであるかを指示する（図 142 参照）。

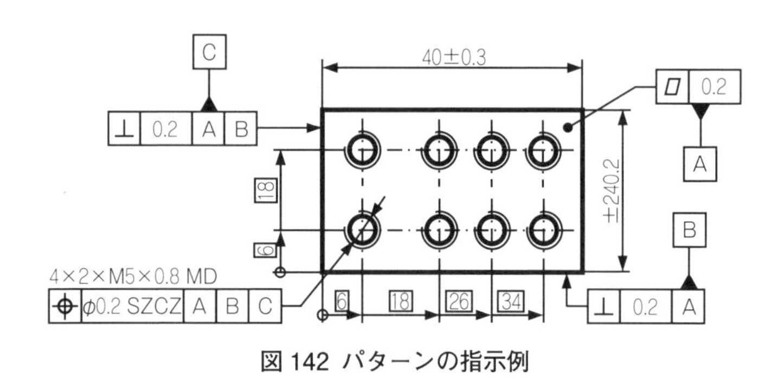

図 142 パターンの指示例

8.9 全周と全面の一括指示方法（閉じた形体）

公差記入枠で指示する対象の外殻形体が、ある投影面に対して全周（一周）で閉じている形体の場合、途中にあいまいな形状を含まない場合は、全周記号「○」を公差記入枠の参照線と指示線の交差部分に指示することで表すことができる。

3DA モデルの場合は、対象の形体すべてに関連を付ける。明確に全周の姿勢を指示するために、コレクションプレーンの指示を行う（図 143 参照）。

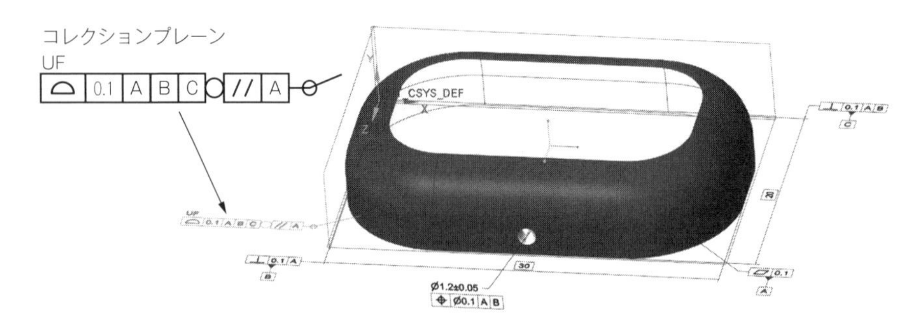

図 143 全周記号の指示例

対象の外殻形体が全面である場合、全面記号「◎」を公差記入枠の参照線と指示線の交差部分に指示することで表すことができる。2D 図面の場合は、あいまいになる形状（例：通し穴など）が含まれている場合には適用できない。3DA モデルの場合は、対象の形体すべてに関連付けを行う（**図 144** 参照）。

この全周記号や全面記号によって、複数の形体を切れ目なく連続して連ねた形体のことを複合連続形体という。

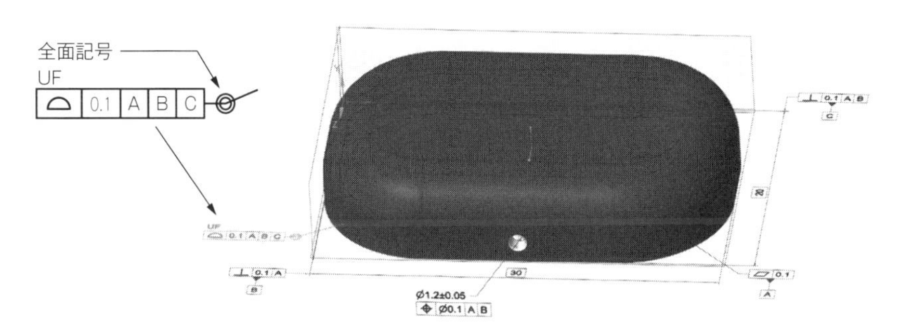

図 144 全面記号の指示例

全周記号あるいは全面記号を指示した公差記入枠の参照データムが 6 自由度を完全拘束している場合を除き、常に SZ（セパレートゾーン）、CZ（コンバインドゾーン）又は UF（ユナイテッドフィーチャ）記号を組み合わせて指示する。

記号 SZ を指示した場合は、指示対象の形体はそれぞれ独立しており、相互に関連しないことを意味する（**図 145** 参照）。

記号 CZ を指示した場合は、指示対象の形体が相対的な位置と大きさを保ちつ

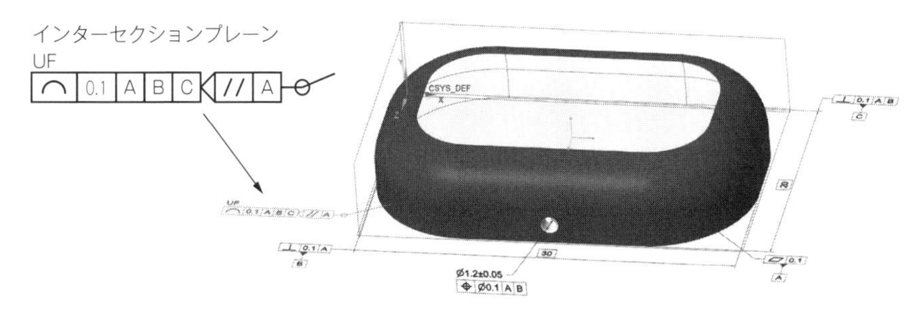

図 145 線の輪郭度におけるインターセクションプレーンの指示例

つ、相互が理論的に正確な形体であり、すべての対象形体にひとつの公差値を適用することを意味する。記号 CZ は全周記号「○」又は全面記号「◎」と共に用いる。

記号 UF を指示した場合は、指示対象の形体全体が理論的に正確な形体の連なった単一の形体であるとみなす。

記号CZと記号UFでは指示結果が同じように思えるが、適用される公差域に違いがある。記号 CZ では、形体全体が切れ目のない公差域を構成しているとみなすが、記号 UF では各形体の切れ目の公差域は形体の姿勢のまま延長されるとみなし、各形体の公差域は交わり部を有する。詳細は各指示例とその公差域の解釈を参照する。

線の輪郭度に全周記号を指示する場合は、公差記入枠、インターセクションプレーン、コレクションプレーンの順に指示する。その場合、もし、インターセクションプレーンとコレクションプレーンの指示内容が同じであれば、コレクションプレーン指示を省略できる。

8.10 フィルタ処理と当てはめ方法の標準仕様

デフォルトでは、当てはめの計算方法は「最小領域法」を採用する。それ以外の計算方法を採用する場合は、表題欄又はその近傍にその旨を指示する（P. 37 の表 16 参照）。

（例　ISO 1101 FC：G）

標準では、実体拘束のない当てはめ基準として最小領域法を用いる。

当てはめ方法の詳細は、「ISO 1101：2017の8.2.2.2、8.2.2.3」及びJIS B 0672–1 を参照する。

第 9 章
幾何公差における基準の表し方

幾何公差では、その基準の位置を明確に表す必要がある。3DA モデルにおいては、その基準の位置だけではなく、その座標系の位置を関連付けて表すことで、評価結果のデータの原点位置についても明確に表す。この章では、2D 図面と 3DA モデルに関する基準の表し方について説明する。

9.1 データムとデータム系

データムあるいはデータム系は、公差域や補足形体指示記号（インターセクションプレーン指示記号、オリエンテーションプレーン指示記号、ディレクションフィーチャ指示記号、コレクションプレーン指示記号）に対して、位置又は姿勢の拘束を行うために用いる。

公差記入枠に指示したデータム又はデータム系が、その指示内容を必要十分に満たす自由度の拘束を行っているかを十分検討する必要がある。

部品を固定して加工又は測定評価を行うためには、部品の6自由度を完全拘束できるようにデータム系を構成すべきである。

たとえば、丸棒のように軸の回転方向の位相仕様が不要であっても、その要求精度によっては、測定評価における繰り返し測定精度確保のために、場合によっては、何らかの工夫（例：仕様とは関係のない軸端に位相を表す刻印を行う）を行ったほうがよい。

[注：3DAモデルには座標系があるが、現物の部品では、加工機に固定されている際は加工機の座標系に従うが、加工機から部品を外してしまうと、加工機の座標系がわからなくなってしまう。その際に、図面に指示したデータム系とそれに関連した座標系をデータム座標系として再現することで、現物の部品の表面からデータムの当てはめを行い、その座標系として用いる。]

9.2 データム形体指示記号

データム形体を設定する場合は、P. 33の表10に示したデータム形体指示記号をその対象形体又はその対象形体に指示した公差記入枠に付けて指示する。

データム形体指示記号は、四角形の枠で表し、対象形体に付けた正三角形の1つの頂点を引出線でつなぐ。正三角形は、白抜きでも塗りつぶしでもよく、どちらで指示しても意味に違いはないが、人が見てわかりやすいように塗りつぶしたほうがよい。四角形の枠内にデータムを識別するアルファベットの大文字を記入する。四角形の枠及び識別文字は、2D 図面及び 3DA モデルの各ビューにおいて、正対して読めるように指示する方向を決める。

識別文字には、直立体で表し、読み間違うことを予防するために、I、O、Q、X、Y、Z を用いない。1 文字を使い切った場合は、同じ文字を 2 つ以上重ねて用いてもよい（例：BB、CCC）（**図 146** 参照）。

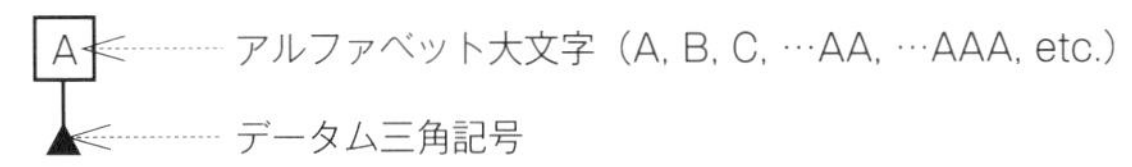

図 146 データム形体指示記号

9.3 データムターゲット（datum target）

データムターゲットは、P. 33 の表 10 に示す各記号で指示する。

データムターゲットは、データム形体に対する具体的な支持方法を設計者が指示する際に補足的に用いる。

データムターゲット枠の下側には、データム形体の識別記号とデータムターゲットのシリアル番号をデータムターゲット識別記号として記入する。枠内に収まりきらない場合は、塗りつぶした丸印の端末記号を付した引出線で指示する。

データムターゲット枠の上側には、データムターゲットが領域の場合の大きさを指示する。ここに指示する数値を枠では囲わないが、TED であることを意味する（**図 147** 参照）。

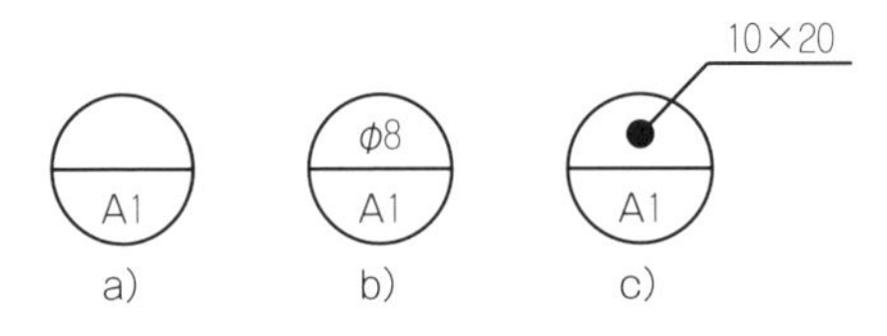

図 147 データムターゲット枠の指示例

データム形体に指示した表面に対して、点、線分、領域を、それぞれ、表10のデータムターゲット点、データムターゲット線、データムターゲット領域を用いて表す。また、データムから各データムターゲットまでの位置や姿勢や大きさをTEDで指示する。

測定者は、必要な受け治具を設計する際に、要求仕様を満たす精度の受け治具として設計して準備する。

データムターゲットを用いる場合には、そのデータムが拘束する自由度に等しい自由度を拘束できるように指示を行う必要がある。

可動データムターゲットでは、枠から伸びる指示線の方向が可動方向であり、距離可変であることを表している。その指示線の方向が、非明示ではない場合は、TEDで指示を行う（**図148**参照）。

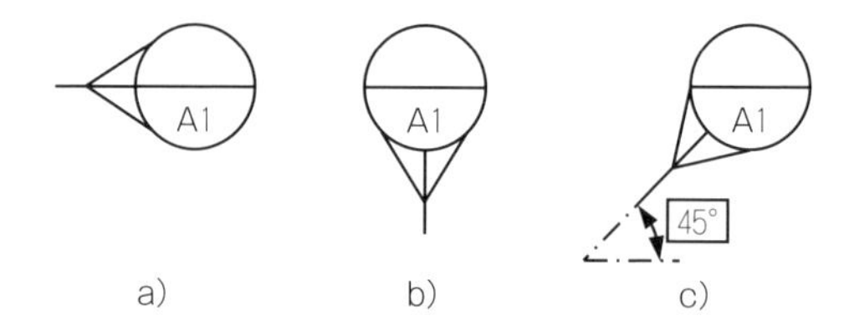

図148 可動データムターゲット枠の指示例

データムターゲット又は可動データムターゲットをデータムに対して追加指示する場合は、データム形体指示記号の枠の右側にデータムターゲット識別記号をデータムターゲットのシリアル番号と共に指示する。シリアル番号を付記する方法は、数字をカンマで区切る、最初と最後の数字をハイフン「-」でつなぐ（**図149**参照）。

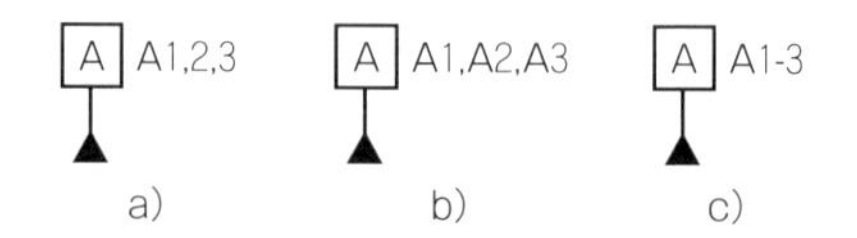

図149 データム形体指示記号へのデータムターゲット識別記号の指示例

データムターゲット点、データムターゲット線、データムターゲット領域の指示例をそれぞれ、**図150**、**図151**、**図152**に示す。

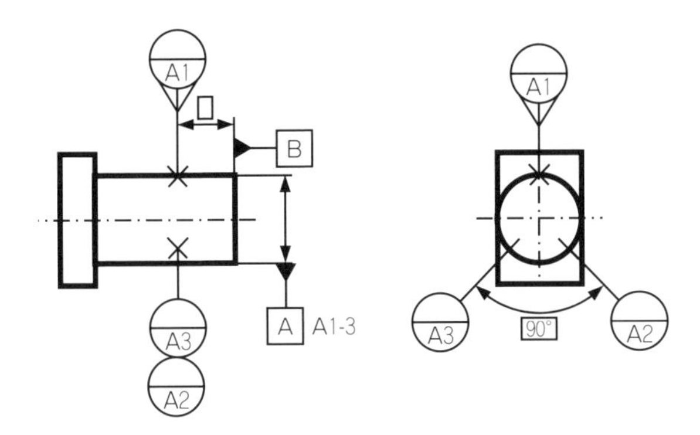

図 150 データムターゲット点の指示例

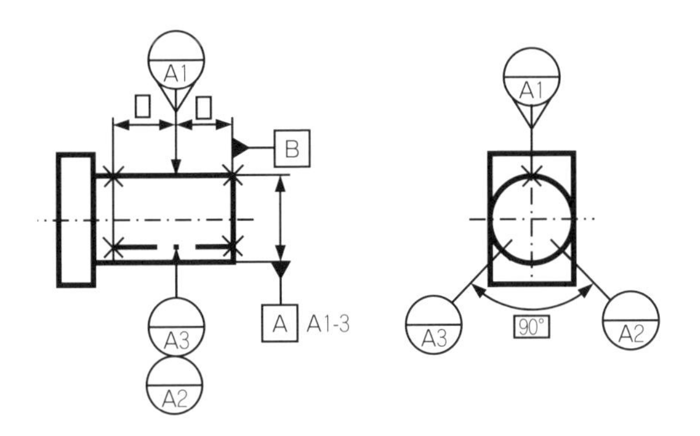

図 151 データムターゲット線の指示例

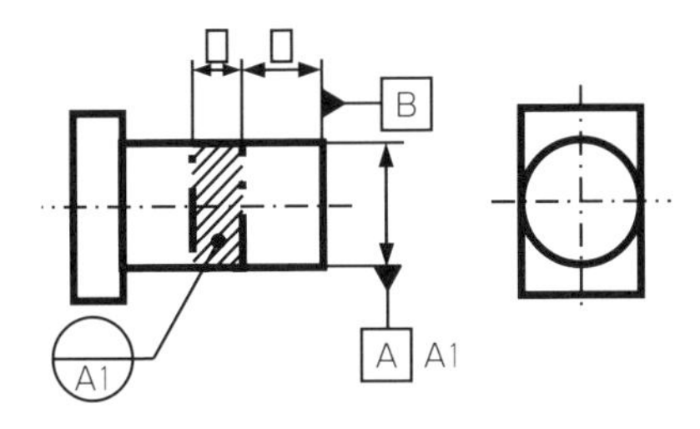

図 152 データムターゲット領域の指示例

9.4 データム形体の当てはめ法

データム形体の標準の当てはめ法は、正接法（たとえば、最大内接面や最小外接面）である。データムにおける当てはめ法の詳細は、ISO 5459 を参照する。

測定データを使ってそれぞれの形状を当てはめる場合は、次の通りとなる。

—球の外側、円筒軸、キー（平行 2 平面）、ドーナツ外側：最小外接面

—球の内側、円筒穴、キー溝（平行 2 平面）、ドーナツ内側：最大内接面

—円すい形：角度を固定して最小領域法を用いて、当てはめた円すい形とデータム形体の間の距離を最小化するように外接する。

—角すい形：角度を固定して最小領域法を用いて、当てはめた角すい形とデータム形体の間の距離を最小化するように外接する。

—複雑な面：面を構成する変数を固定して、最小領域法で当てはめた複雑な面とデータム形体の間の距離を最小化するように外接する。

—平面：最小領域法で当てはめた平面とデータム形体の間の距離が最小になるように外接する。

9.5 データムをサイズ形体へ指示する方法

データムをサイズ形体へ指示できるのは、サイズ形体が完全形体、すなわち、対向する平行二平面において、サイズを構成する二面が対向する同じ位置にあり、同じ大きさや形状であって、その形状に欠落がない場合、又は、円筒形状において、円筒面に穴や溝などの形状に欠落がない場合に限られる。

データムをサイズ形体へ指示する場合は、次による。

—寸法線の延長線上に、寸法線の矢印にデータム形体指示記号を付ける（図 153 参照）。

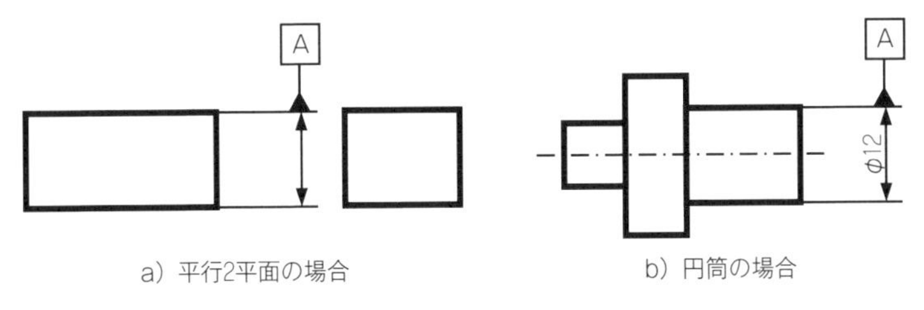

図 153 サイズ形体への指示例

—誘導形体に指示した公差記入枠にデータム形体指示記号を付ける（図 154 参照）。

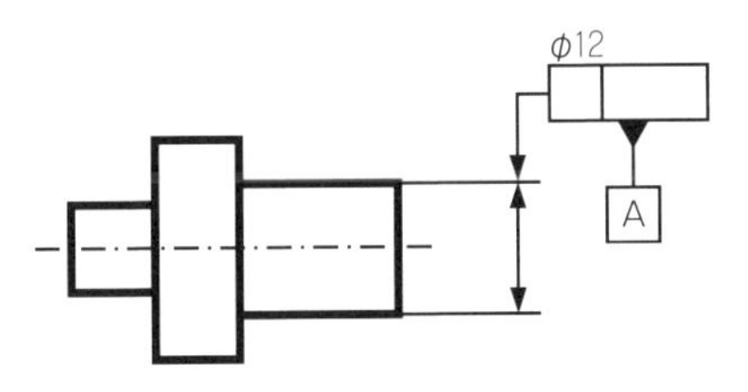

図 154 誘導形体に指示した公差記入枠の指示例

—サイズ寸法を指示した引出線の参照線にデータム形体指示記号を付ける（図 155 参照）。

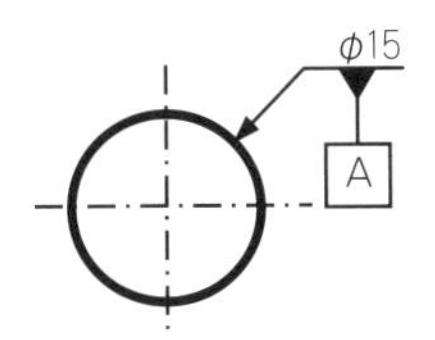

図 155 サイズ寸法を指示した引出線の参照線の指示例

—サイズ寸法を指示した公差記入枠にデータム形体指示記号を付ける（図 156 参照）。

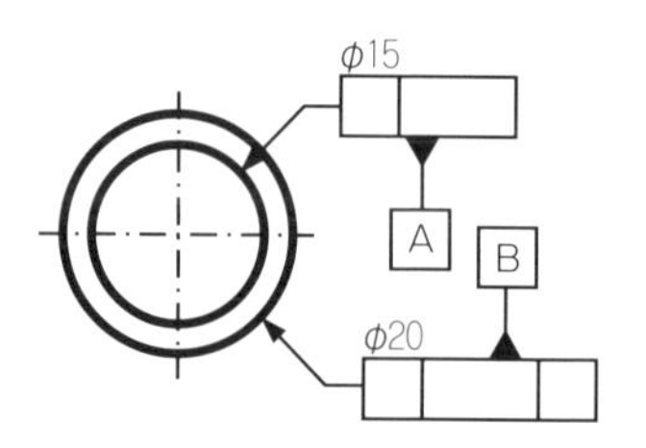

図 156 サイズ寸法を指示した公差記入枠の指示例

［備考：データムは理論的に正確な基準であり、シチュエーション形体の組合せで定義する。サイズ形体へデータムを指示する場合は、そのサイズ形体の誘導形体である点、中心線、中心面などが指示対象となる。したがって、データムの指示方法では、サイズ形体への指示と、サイズ形体以外への指示とをきちんと分けることが大事である。］

9.6 データムをサイズ形体以外の形体へ指示する方法

データムをサイズ形体以外の外殻形体へ指示する場合は、次による。

—データム形体指示記号を 2D 図面では投影図の外形線上に、3DA モデルでは表面上に直接、データム形体指示記号を付ける（**図 157** 参照）。

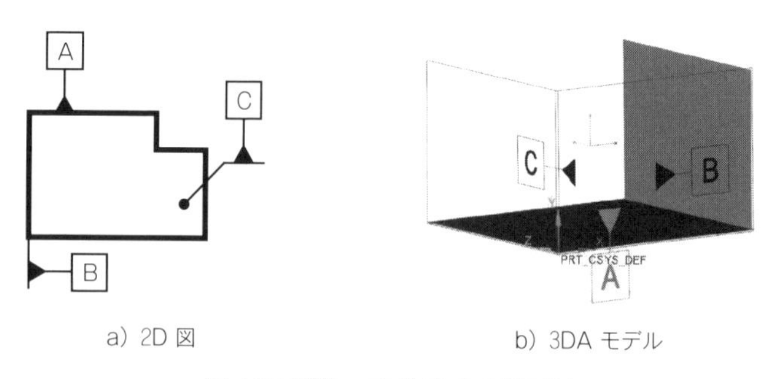

図 157 形体へ直接付ける指示例

—2D 図面では、外形線又は表面を延長した延長線上にデータム形体指示記号を付ける（図 157 a）参照）。

—外殻形体に指示した公差記入枠にデータム形体指示記号を付ける（**図 158** 参照）。

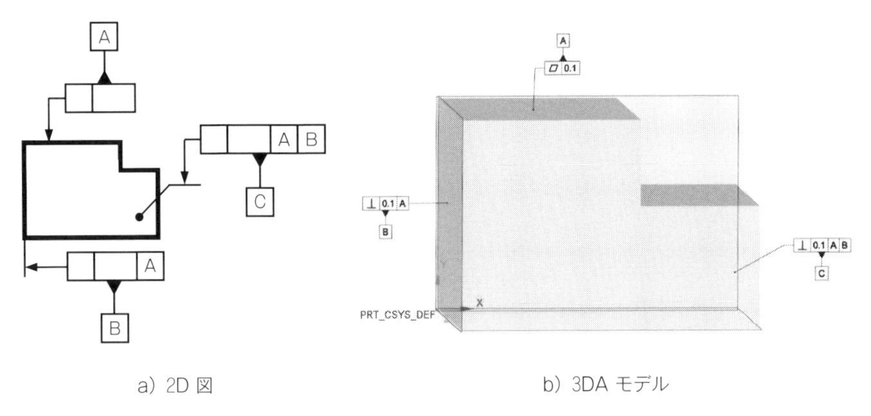

a）2D 図　　b）3DA モデル

図 158 公差記入枠の指示例

—表面内から端末記号が塗りつぶした丸印で引き出した引出線の参照線上にデータム形体指示記号を付ける［図 157 a）及び図 158 a）参照］。

9.7 単一データムの指示例

単一データムの指示例と、その解釈を**図 159** に示す。

単一データムの指示だけでは、部品全体に対する6自由度の拘束ができないため、測定の繰り返し精度が確保できない可能性があることに注意する。

図 159 では事例を単純化するために、データム形体にデータム形体指示記号だけを指示しているが、実際の図面においては、形状公差を指示する必要がある。また、図 159 においては、2つのデータム間の関係（要求仕様）は指示していないので、注意を要する。単一データムに、形状公差を指示することで、部品の基準としての信頼性を確保することができる。

データム形体の指示	公差記入枠	解釈図	不変クラスとシチュエーション形体	データム
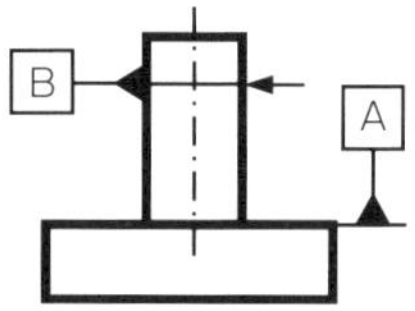 B A 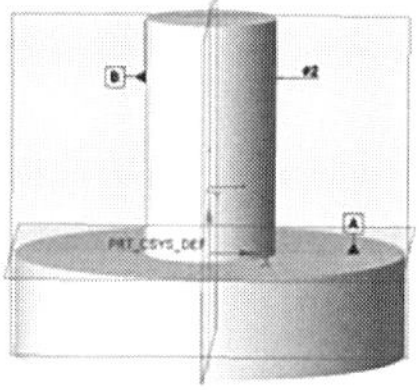	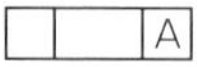 A	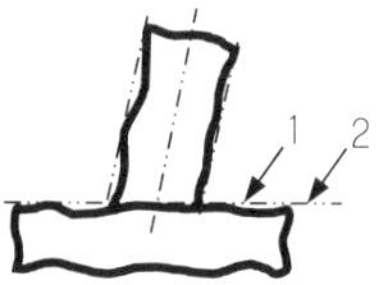 1 2	平面 当てはめ平面	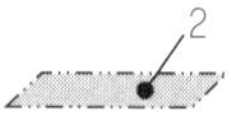 2
	 B	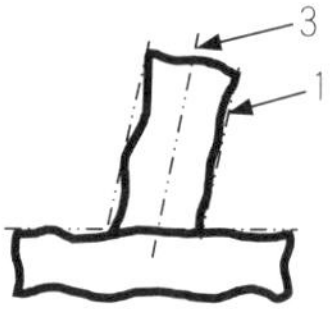 3 1	円筒 当てはめ円筒の軸線	 3

凡例　1　（姿勢拘束のない）当てはめ形体
　　　2　当てはめ平面のシチュエーション形体（当てはめ平面それ自体）である平面
　　　3　当てはめ円筒のシチュエーション形体（の軸線）である直線
（注）公差記入枠の指示例は、説明対象のデータムを用いた、他の公差付き形体の指示例を示す。

図 159 単一データムの指示と解釈

9.8 共通データムの指示例

共通データムは、複数の表面を用いて設定する1つ以上のシチュエーション形体で構成する。

共通データムが、公差記入枠のデータム区画に1つだけ、第1次データムとして指示している場合は、データムの設定に用いた複数の当てはめ形体は、外部からの姿勢拘束あるいは位置拘束なしで設定できる。それゆえ、（複数の表面を構成する）表面は互いに、同時に当てはめることとなる。共通データムが第2次データム、あるいは第3次データムとして用いられている場合に適用される拘束については、9.9 項を参照する。

第1次データムの指示だけで、公差域の自由度の拘束が完了している場合は、第2次データムを指示する必要はない。

第１次データムおよび第２次データムの指示で、公差域の自由度の拘束が完了する場合は、第３次データムを指示する必要はない。

共通データムの例を図 137、**図 160**、**図 161** に示す。データム系と共通データムとの当てはめの違いは、図 160、図 161 でよく確認してほしい。

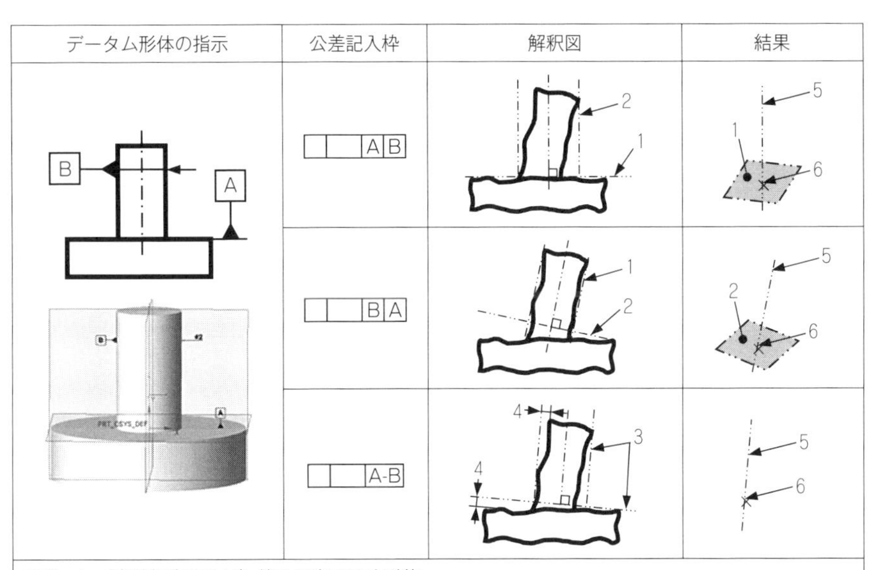

凡例　1　（姿勢拘束のない）第１の当てはめ形体
　　　2　第１の当てはめ形体から姿勢拘束を受ける第２の当てはめ形体
　　　3　姿勢拘束と位置拘束を同時に受ける当てはめ形体
　　　4　当てはめ形体とデータム形体において、最大の同じ距離となるようにバランスをとる
　　　5　当てはめ円筒のシチュエーション形体（の軸線）である直線
　　　6　平面と直線の間の交点（データム系や共通データムに関係する座標系の原点位置）
（注）公差記入枠の指示例は、指示した参照データムを用いた、他の公差付き形体の指示例を示す。

図 160　１つの円筒と１つの平面、又は共通データムから設定するデータム系の指示例

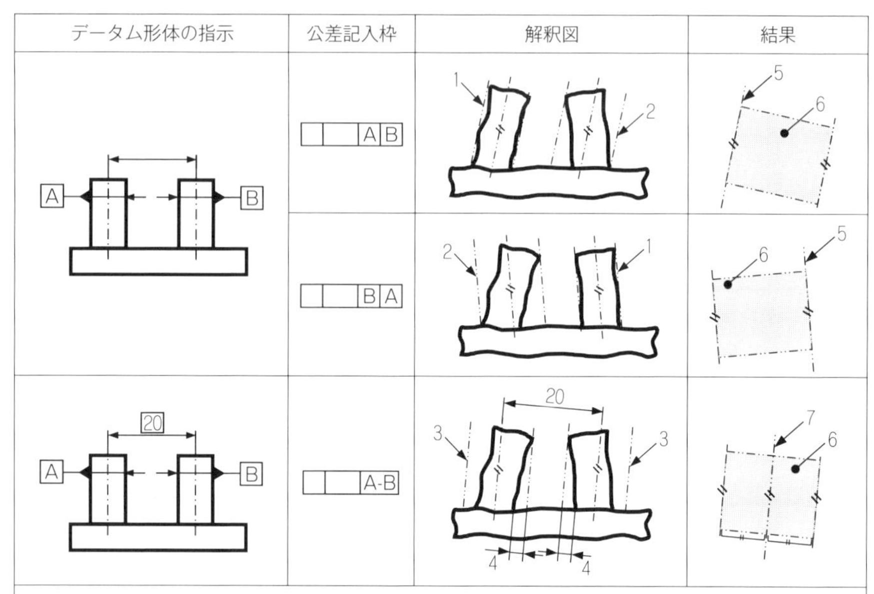

凡例　1　（姿勢拘束のない）第1の当てはめ形体
2　第1の当てはめ形体から平行な姿勢拘束を受ける第2の当てはめ形体（円筒）
3　平行な姿勢拘束と位置拘束を受ける同時に当てはめ形体（2つの円筒）
4　当てはめ円筒とデータム形体において最大の同じ距離となるようにバランスをとる
5　第1の当てはめ円筒の軸線である直線
6　ふたつの当てはめ円筒の軸線を含む平面
7　同時に当てはめた2つの円筒の軸線の中間の直線
（注）公差記入枠の指示例は、指示した参照データムを用いた、他の公差付き形体の指示例を示す。

図161　2つの円筒、又はそれらの共通データムから設定するデータム系の指示例

9.9 データム系の指示例

データム系は、2つあるいは3つの単一のデータム、あるいは共通データムによって、優先順位付けして構成する。データム系は、対象の表面を指定することによって、2つあるいは3つのシチュエーション形体で構成する。

データム系の設定に用いる当てはめ形体は、幾何公差によって指示した優先順に従って当てはめを行っていく。デフォルトでは、当てはめ形体間の相対位置は、理論的に正確な位置であって、その相対位置は可変しない（TEDで固定）。

その優先順位は構成する位置関係における姿勢拘束で決まる。つまり、第1次データムは、第2次データムと第3次データムに対して姿勢拘束が作用し、第2次データムは第3次データムに対して姿勢拘束が作用する。

第1次データムよる拘束に加えて、さらに公差域の自由度を拘束する必要がある場合には、第2次データムを指定する（図160参照）。

第1次データムおよび第2次データムによる拘束に加えて、さらに公差域の自由度を拘束する必要がある場合は、第3次データムを指定する（図161及び図162参照）。

第2次データムまた第3次データムが考えられる場合であっても、第1次データムによる拘束だけで、それ以上、自由度を拘束する必要がない場合は、第2次や第3次データムを指示する必要はない。

データム形体の指示	公差記入枠	解釈図	結果
B　C　A	A B C	2　3　1	5　4　6

凡例　1　（姿勢拘束のない）第1の当てはめ形体
2　第1の当てはめ形体から直角な姿勢拘束を受ける第2の当てはめ円筒
3　第1の当てはめ形体から直角な姿勢拘束を受け、第2の当てはめ形体から平行な姿勢拘束を受ける第3の当てはめ形体
4　第1の当てはめ形体である平面
5　第1の当てはめ形体である平面と第2の当てはめ形体の軸線の交点（データム系に関係する座標系の原点位置）
6　第1の当てはめ平面とふたつの軸を含む平面の交線である直線
（注）公差記入枠の指示例は、説明対象のデータムを用いた、他の公差付き形体の指示例を示す。

図162　2つの円筒と1つの平面から得られるデータム系の指示例

第 10 章
面の輪郭度、線の輪郭度、位置度、突出公差域、非剛性部品

ISO 製図規格には、14 種類の幾何公差の幾何特性記号があるが、この章では、そのうち、オールマイティに使える、面の輪郭度、線の輪郭度、位置度を紹介する。また、通常の幾何公差では材料内の公差域を表すが、材料内から突き出した位置の公差域を表すための突出公差域と、重力や自重で変形してしまうような部品を表すための非剛性部品の表し方についても説明する。

10.1 面の輪郭度、線の輪郭度及び位置度の使い分け

次のように使い分けを行うことを推奨する。

① 位置度：円筒形（軸や穴など）や円すい形の誘導形体の位置公差指示
② 面の輪郭度：表面（平面や曲面）の外殻形体の位置公差指示
③ 線の輪郭度：表面上を線分として評価したい場合の外殻形体の位置公差指示
又は曲管などの曲がった中心軸線の誘導形体の位置公差指示

10.2 面の輪郭度

面の輪郭度は、2D 図面では TED で理想的な形状と位置を表し、3DA モデルではモデルで理想的な形状と位置を表し、次のような幾何特性を指示したい場合に用いる。

・指示対象の公差付き形体が、平面形体、又は曲面形体であり、外殻形体又は誘導形体である。
・曲面形体の場合は、3DA モデルで図示形体の理論的に正確な形体を、その位置を含めて定義する。
・平面上、曲面上の面形体の場合は、公差値を厚みにもつねじれのない帯状の公差域とする。その場合、公差値を直径とする真球が、その中心点を対象面上の全体を移動して出来る上下の包絡面で囲まれた空間が公差域となる。
・データムを必要としない形状公差の場合と、データムを参照する姿勢公差又は位置公差の場合とがある。データム面から指示面までの距離をサイズ公差で指示した場合は、面の輪郭度を姿勢公差として指示したことになる。しかし、その距離を TED で指示した場合、あるいは 3DA モデルの場合は参照するデータムに姿勢拘束限定記号「><」を付記することで、位置の自由度を拘束してい

ない、すなわち、姿勢拘束だけであることを示すことができる。その場合は、位置公差を表す指示を、指示漏れしないように注意する。

10.2.1　データムを参照する面の輪郭度

公差付き形体は、外殻形体または誘導形体に適用できる。2D図面や3DAモデルで表した公差付き形体は、平面である場合を除き、2D図面上又は3DAモデルであいまいさがないように明示的に表す。

姿勢公差の場合は、記号「><」を公差域の並進方向の自由度を拘束しないようにする参照データムに付記する。公差付き形体とデータムの間の角度寸法は、明示的TEDまたは非明示のTED、またはその両方によって指示する（**図163**参照）。ただし、図163は、参照するデータムに姿勢拘束限定記号「><」を付記した指示例だが、位置公差が指示されていないため、幾何公差指示として、あいまいさが残る指示である。例えば、公差記入枠を積み重ねて、位置公差を追加指示する。

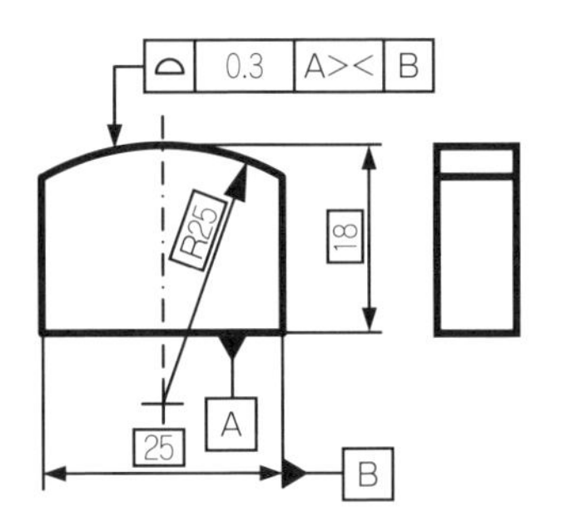

図163 姿勢公差の面の輪郭度の指示例

位置公差の場合、公差域の並進方向の自由度を拘束するための、少なくとも1つのデータムを公差記入枠に指示する。公差付き形体とデータムの間の角度寸法および長さ寸法は、明示的TEDまたは非明示のTED、またはその両方によって指示する（**図164**参照）。

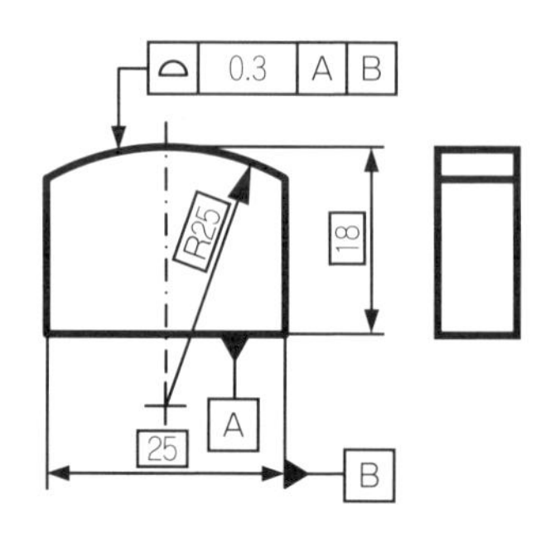

図 164 位置公差の面の輪郭度の指示例

10.2.2 データムを参照しない面の輪郭度

公差付き形体は、外殻形体または誘導形体に適用できる。2D 図面や 3DA モデルで表現する公差付き形体は、平面である場合を除き、2D 図面又は 3DA モデルにあいまいさがないように、その形状を明確に表す（**図 165** 参照）。ただし、図 165 の指示だけでは位置公差（姿勢公差を含む）が指示されていないため、幾何公差指示として、あいまいさが残る指示である。例えば、公差記入枠を積み重ねて、位置公差を追加指示する必要がある。

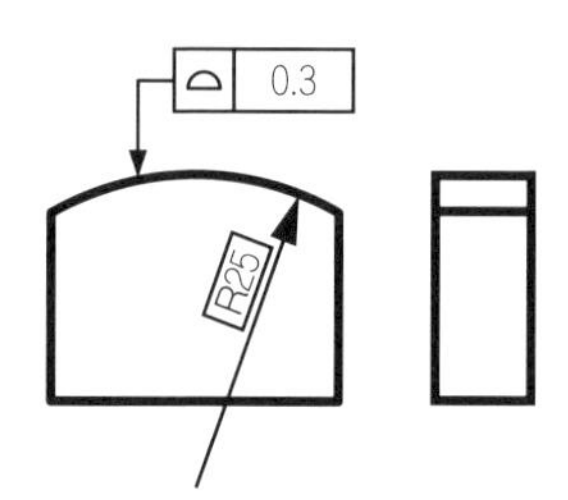

図 165 形状公差の面の輪郭度の指示例

10.3 線の輪郭度

線の輪郭度は、2D図面ではTEDで理想的な形状と位置を表し、3DAモデルではモデルで理想的な形状と位置を表して、次の幾何特性を指示したい場合に用いる。

・指示対象の公差付き形体が、直線形体、又は曲線形体であり、外殻形体又は誘導形体に適用できる。
・曲線形体の場合は、3DAモデルで図示形体の理論的に正確な形体が、その位置を含めて定義する。
・直線上、曲線上の線形体の場合は、公差値を幅にもつねじれのない帯状の公差域とする。その場合、公差値を直径にもつ真円が、その中心点を対象面上の全体を移動した際にできる上下の包絡線で囲まれた領域が公差域となる。
・データムを必要としない形状公差や、データムを参照する姿勢公差又は位置公差の場合がある。データム面から指示面までの距離をサイズ公差で指示した場合は、線の輪郭度を姿勢公差として指示したことになる。しかし、その距離をTEDで指示した場合、あるいは3DAモデルの場合は参照するデータムに、姿勢拘束限定記号「><」を付記することで、位置の自由度を拘束していない、すなわち、姿勢拘束だけであることを示すことができる。

10.3.1 データム参照する線の輪郭度の仕様

公差付き形体は、外殻形体または誘導形体に適用できる。2D図面や3DAモデルで表現する公差付き形体は、直線の場合を除き、2D図面上又は3DAモデルにあいまいさがないように明示的に表す（**図166**参照）。ただし、図166 a）の指示だけでは位置公差が指示されていないため、あいまいさが残る指示である。図166 b）のように指示するか、位置公差よりも厳しい姿勢公差を要求する場合は、公差記入枠を積み重ねて、位置公差と姿勢公差を指示する必要がある。

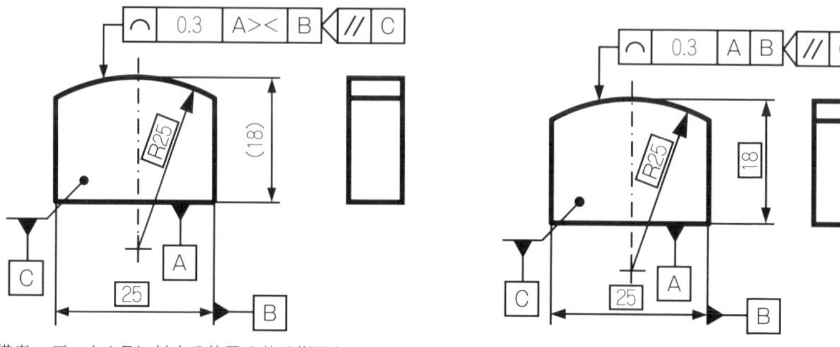

備考：データムBに対する位置公差は指示している。

a）データムAに対する姿勢公差の指示例

b）位置公差の指示例

図 166 データム参照する線の輪郭度の指示例

10.3.2 データム参照しない線の輪郭度の仕様

公差付き形体は、外殻形体または誘導形体に適用できる。2D 図面や 3DA モデルで表現する公差付き形体は、直線の場合を除き、2D 図面上又は 3DA モデルへあいまいさがないように明示的に表す（**図 167** 参照）。ただし、図 167 の指示だけでは位置公差（姿勢公差を含む）が指示されていないため、あいまいさが残る指示である。位置公差を追加指示する必要がある。

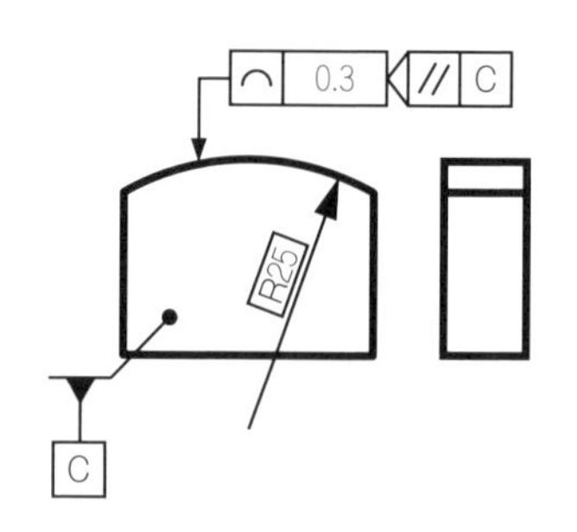

図 167 形状公差の線の輪郭度の指示例

10.4 位置度

位置度は、2D図面ではTEDで理想的な位置を表し、3DAモデルではモデルで理想的な位置を表し、次のような幾何特性を指示したい場合に用いる。

・指示対象の公差付き形体が、点形体、直線形体、平面形体、直線ではない中心曲線形体、又は平面ではない中心曲面形体であり、外殻形体又は誘導形体である。

[注：位置度を直線ではない中心曲線形体、又は平面ではない中心曲面形体に用いるのはISO 1101：2017からであり、2023年時点ではまだ一般化していない。]

・曲線形体又は曲面形体の場合は、3DAモデルで図示形体の理論的に正確な形体が、その位置を含めて定義されている必要がある。
・平面上の点形体の場合は、公差値を直径にもつ円形状が公差域となる。
・空間上の点形体の場合は、公差値を直径にもつ球形状が公差域となる。

[注：「球」を測得した中心点については、まだ明確に標準化されていない。]
[備考：JIS製図では「測定して得られた」という意味で、測定結果のことを「測得」(extracted) という。]

・平面上、曲面上の線形体で、公差値を幅にもつ場合は、帯状の公差域となる。
・空間内の線形体で、線形体に直角な方向に公差値を直径にもつ場合は、(曲がった／曲がりのない) 円筒形の公差域となる。
・平面上、曲面上の面形体の場合は、公差値を厚みにもつねじれのない帯状の公差域となる。この場合、平面や曲面に対して、公差値の1/2を均等にオフセットした上下の面で囲まれた空間が公差域となる。

なお、ASME Y14.5では、位置度を、誘導形体の直線形体や平面形体にだけ指示できるため、CAM、CAT、公差解析などのソフトウェアではその範囲でしか利用できない場合がある。利用目的に応じた指示方法を採用するように注意する。

10.4.1　誘導形体の点の位置度

測得した球の中心は、データム系に対して理論的に正確な位置にある理論的に正確な位置にある公差値を直径とする球形が公差域である（P. 106 の図 124 参照）。

10.4.2　誘導形体の線の位置度

直角な 2 方向に指示した場合、測得した中心線は、データム系に対して理論的に正確な位置を中心に公差域として、公差値を等分して対称的に配置した、互いに直角な平行二平面の間が公差域である（図 168 参照）。

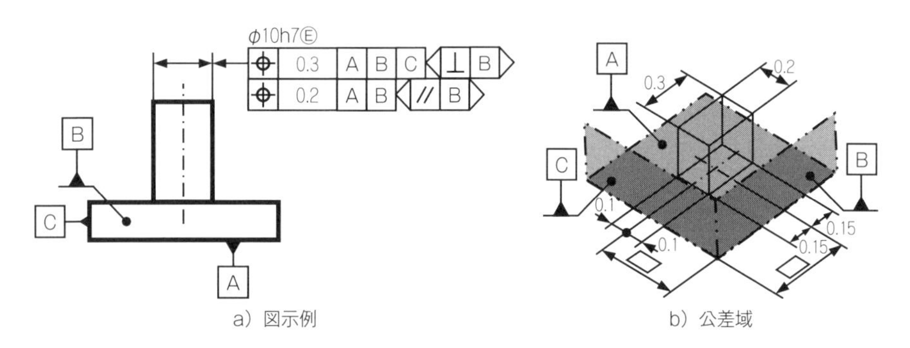

図 168　2 方向の中心線への位置度の指示例

公差値の前に記号「⌀」が付いている場合は、公差値を直径とする円筒形の公差域になる。円筒形の公差域の中心線は、データム系に対する理論的に正確な位置である（図 169 参照）。

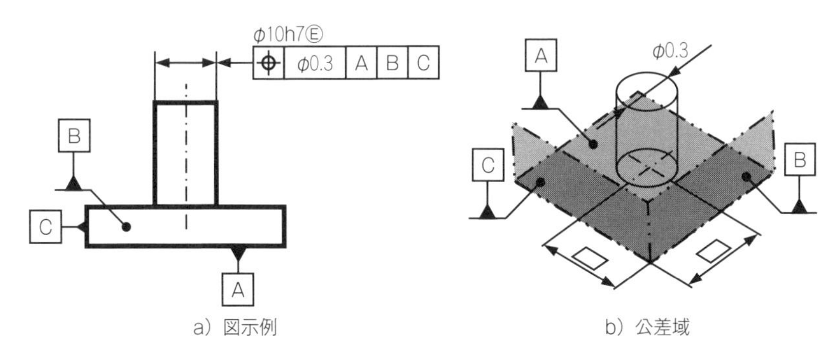

図169 円筒形の中心線への位置度の指示例

10.4.3　誘導形体の中心面の位置度の仕様

図170では、溝部の測得した中心面は、データム平面AおよびBに関して、溝部の理論的に正確な位置を中心に両側へ対称的に配置された0.1離れた平行二平面の間が公差域である。

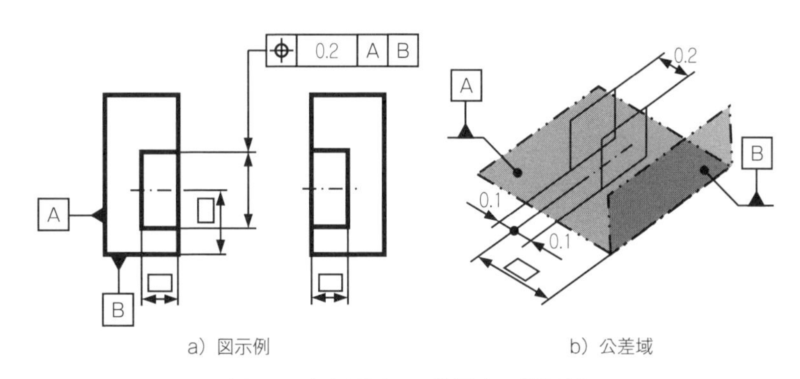

図170 中心平面への位置度の指示例

図170 a）の指示によって定義される公差域は、中心平面に対して対称に0.1ずつ離れた平行2平面で構成される。中心平面は、データムAに直角で、データムBに関して理論的に正確な寸法（TED）によって定義する。公差域はデータムBに平行な一方向だけに適用される［図170 b）参照］。

図171 a）の指示によって定義される公差域は、データムBに関して理論的に正確な寸法によって定義された3つの中心平面に対して、それぞれ対称に、距離

0.1 ずつ離れた間隔 0.2 の平行二平面でとなる［図 171 b）参照］。

［注：記号「SZ」では、3 つの溝の公差域間の相互の自由度は拘束しない。それぞれを独立して指示する解釈となる。一方、記号「SZ」の代わりに記号「CZ」を指示した場合、公差域は指示された距離で相対的な自由度が拘束され、相対的な位置関係を保持する。］

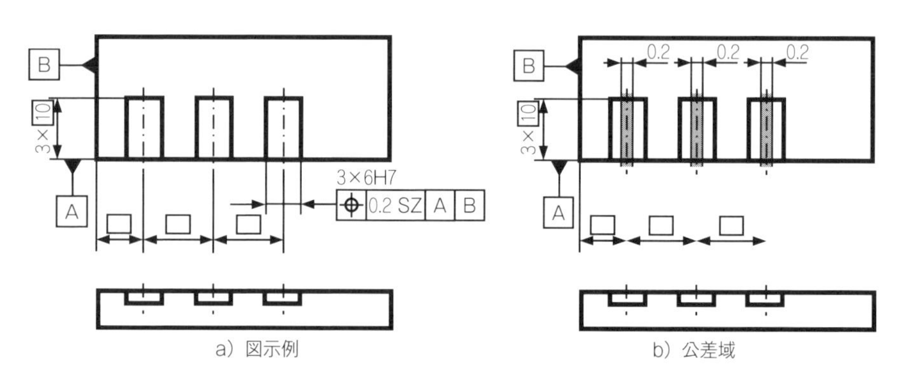

図 171 複数の中心平面への位置度の指示例

10.4.4 平面の位置度の仕様

図 172 は、上面と下面でできる中心平面をデータム中心平面 A として、そこから理論的に正確な距離 3 だけオフセットした位置にある溝部の中心平面に対して両側へ対称的に配置した距離 0.2 離れた平行二平面の間を公差域とする。

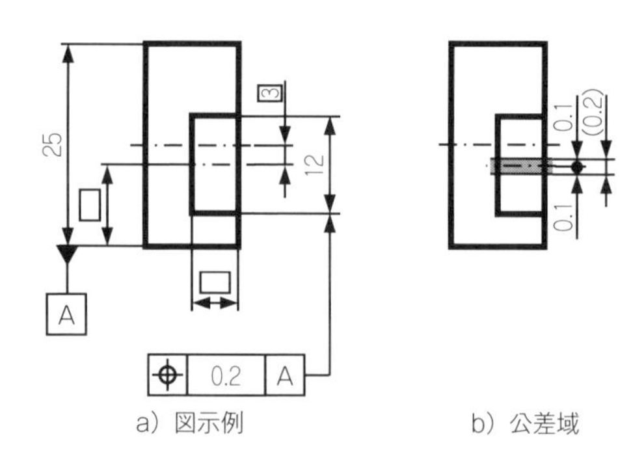

図 172 中心平面と中心平面への位置度の指示例

図172 a）の指示によって定義される公差域は、中心平面に対して対称に0.1ずつ離れた間隔0.2の平行二平面である。溝部の中心平面は、データムAに関して理論的に正確な寸法によって定義する［図172 b）参照］。

10.5 突き出した位置における公差（突出公差域）

幾何公差では、指示部の部品の材料（実体）の内側に公差を設定するが、材料（実体）の外側に設定したい場合がある。

例えば、軸を穴に、軽圧入して組立てる軸線の先端の傾きを、穴側の中心軸線の傾きで規制したい場合に用いる。または、ボルトを使い、部品を台座に共締めして組立を行う場合、ボルトが部品の穴に干渉してねじ止めできなくならないように、台座のめねじ穴の中心軸線の傾きを規制したい場合などに用いる。

この場合、「突出公差域」という指示方法を用いる。

突出公差域は、次のように指示する。

(a) 突出部の形状を仮想線（細い二点鎖線）で表す。

(b) 突出部の突き出し長さの寸法を指示して、寸法値の前に記号「Ⓟ」を指示する。

(c) 公差記入枠の公差値に続けて、突出部の傾きを規制する記号「Ⓟ」を指示する。または、b）の代わりにc）の記号「Ⓟ」に続けて突き出し長さを指示する。

なお、本書では、3DAモデルに用いることのできる、通し穴ではない場合の指示方法についてだけ説明している。

めねじをもつ基準板1に、通し穴をもつ取付板2を六角ボルト3で固定する際に、六角ボルトが取付版の通し穴に干渉しないように設計する例を説明する。その部品構成図を**図173**に示す。

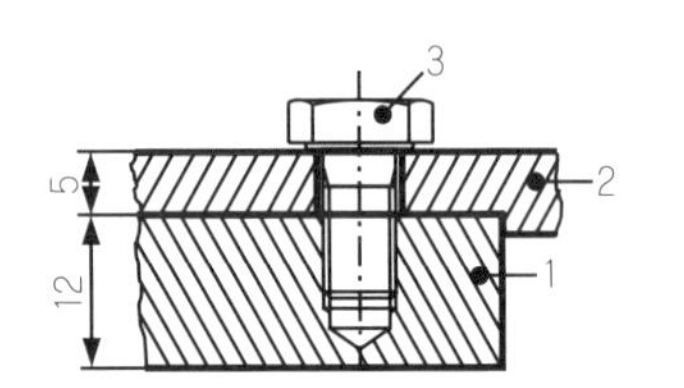

図 173 突出公差域説明の部品構成図

突出公差域を用いない場合を考えてみる。その場合の基準板の指示例を**図 174** に、公差域の解釈を**図 175** に、その場合の極端な組立例を**図 176** に示す。

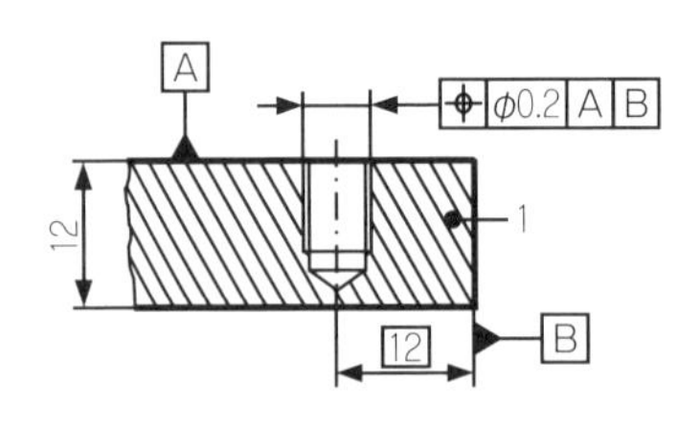

図 174 突出公差域を用いない基準板の指示例

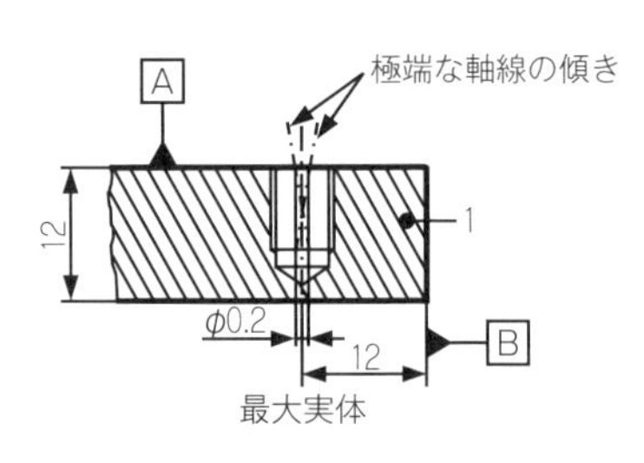

図 175 突出公差域を用いない基準板の公差域の解釈

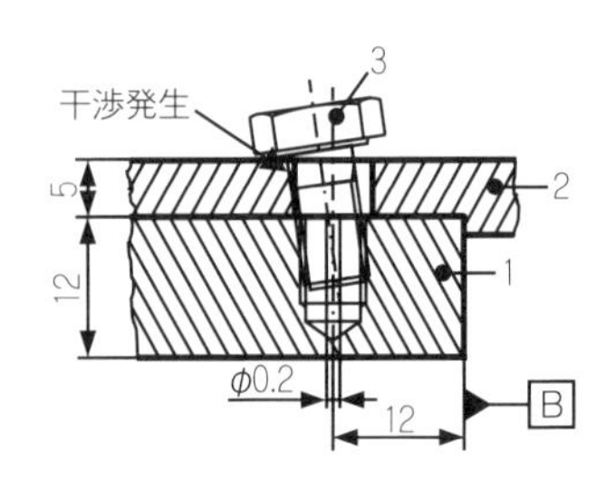

図 176 突出公差域を用いない場合の組立例

図 175 に示すように、基準板のねじ穴の軸線の公差域が基準板の材料内にあると、干渉を防ぐには厳しい公差値を指示せざるを得ないと想定されるが、突出公差域を用いれば、公差値を厳しくすることなく設計要件を達成できる。

突出公差域を用いる場合の基準板の指示例を**図 177** に、その公差域の解釈を**図 178** に示す。その場合、図 178 に示すように、取付板の板厚の範囲内では、公差域∅0.2 以内にとどめることができる。

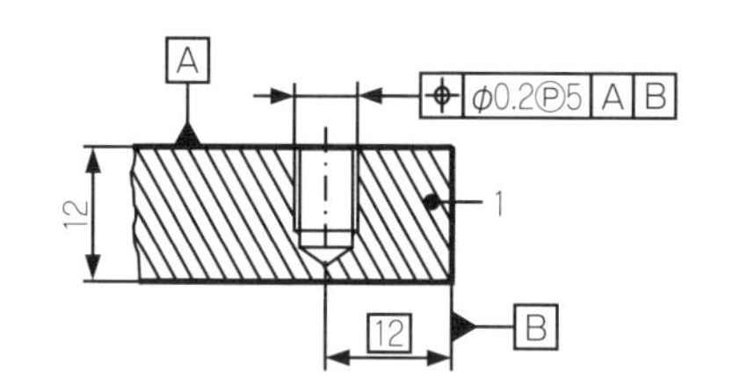

図177 突出公差域を用いた基準板の指示例

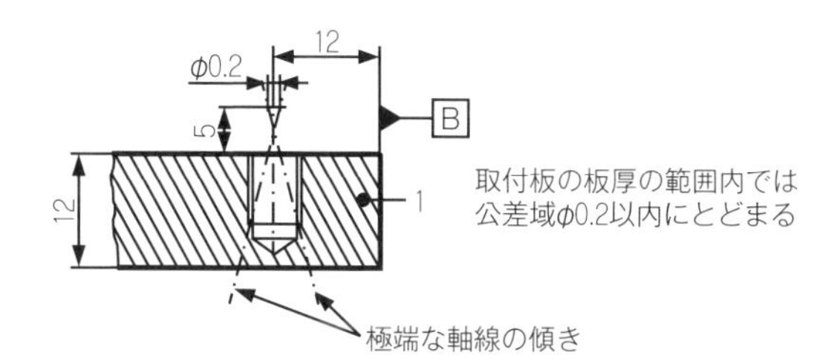

図178 突出公差域を用いた基準板の公差域の解釈

10.6 重力で変形してしまう場合の指示方法（非剛性部品）

部品の加工が終わり、加工機から取り外した際に、それが自重や可撓性、又は加工に起因する内部応力の開放などにより、図面に指示した公差値を超えて変形することがある。

これらの部品を「非剛性部品」として、ねじ止めや形状の強制などの組立条件を加味して、要求仕様に合致する場合は、評価を合格として受け入れを行うための条件を追加指示することができる。このような部品には、薄物の板金部品やゴム製品、プラスチック成形部品なども含まれる。

非剛性部品を組み立てる際に、重力の影響をなるべく受けない［必要に応じて、自由状態における部品の姿勢や重力の方向（DIRECTION OF GRAVITY）を指示する］ような自由状態での公差指示と、所定の応力を加えた状態の拘束条件と公差指示を行うことができる。

その場合は、非剛性部品の適用を指示する規格と共に、一般注記に拘束状態（ADDITIONAL RESTRICTIVE CONDITION）を指示する。また、図面又は3DAモデル内に、拘束状態での指示に加えて、自由状態の指示に記号「Ⓕ」を付記して指示する。記号「Ⓕ」を付記した以外の指示は、拘束状態での指示を表す（**図179**参照）。

指示方法：

① 表題欄に適用規格として「JIS B 0026–ISO 10579–NR」を指示する。
② 注記に部品仕様として満たすべき、拘束状態を指示する。
③ 自由状態を指示した幾何公差の公差値の後に記号「Ⓕ」を付ける。
④ 自由状態を指示したサイズ公差の公差値の後に記号「Ⓕ」を付ける。
⑤ 必要に応じて、自由状態における部品の姿勢や重力方向を表す。

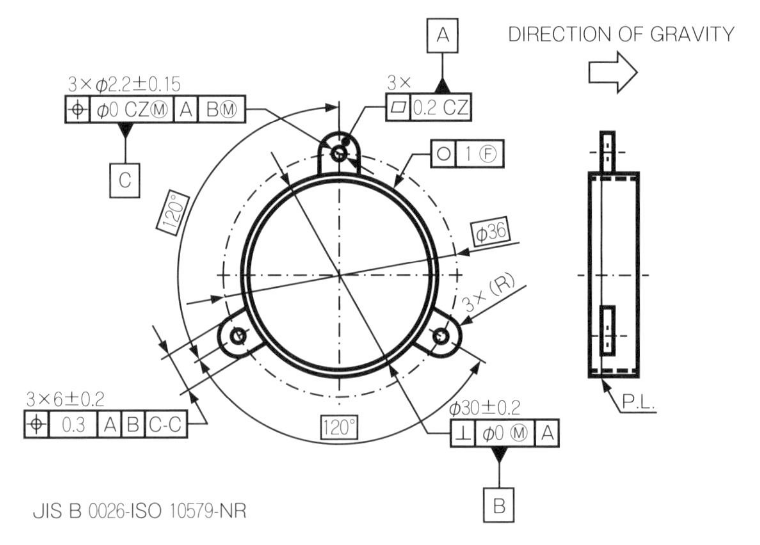

（注記）拘束状態：データム平面Aとして指示された表面は、データムB部をφ30.2の最大実体状態の円筒穴にはめ合いして位置決めされた上で、データムC部の穴に3本のM2のなべ小ねじを用いて、締め付けトルク0.19 Nmで相手部品に組み立てる。

図179 非剛性部品の指示例

第 11 章
最大実体公差方式と最小実体公差方式

通常の ISO 製図における表し方では、独立の原則に従い、幾何公差とサイズ公差には関係性がないものとして扱うが、特定の指示方法を用いることで、関係性をもたせることができる。仕上がりサイズに応じて、指示したサイズ公差の余った公差分を幾何公差の公差として追加することで、加工者が加工管理しやすく、品質を確保しながら、組立性を損なわない指示ができる。この章では、2D 図面と 3DA モデルに関する最大実体公差方式について説明し、最小実体公差方式についても簡単に触れる。

11.1 最大実体公差方式と最小実体公差方式

軸の直径が公差内で最大のときを最大実体状態といい、軸の直径が公差内で最小のときは、その差分の公差幅だけ、円筒形の円筒形状のゆがみや円筒形の傾き、位置ずれを許す。これを「最大実体公差方式」といい、記号「Ⓜ」を用いてその適用を指示する。相手部品の穴も同様に設計している場合、組立に支障を与えることがない。加工者が、指示されている公差内で、例えば、軸の直径の公差に合わせて幾何公差の公差を配分することができ、加工精度に合わせて容易に管理することができる利点がある。

これとは逆に、軸の直径が公差内で最小のときを最小実体状態といい、軸の直径が公差内で最大のときは、その差分の公差幅だけ、円筒形の円筒形状のゆがみや、円筒形の傾きや位置ずれを許すことを「最小実体公差方式」という。記号「Ⓛ」を用いてその適用を指示する。最小実体公差方式を板端に配置した穴に適用する場合、穴から板端までの最小距離を確保できるため、材料の強度を確保するための指示方法として用いることができる。

本書では、基本となる最大実体公差方式について簡潔に説明する。

11.2 最大実体公差方式

最大実体公差方式は、公差付きサイズ形体に対して最大実体実効状態を超えないことを、また、データムを参照する指示の場合は、データム形体に対する完全形状の最大実体状態を超えないことを要求する指示方法である。

最大実体状態は、その部品の体積や質量が、公差値内において最大になる値を考えればよい。

この記号「Ⓜ」を用いる指示方法は、軸線又は中心平面に適用し、そのサイズ公差と幾何公差との間に関係をもたせる。

11.2.1　公差付きサイズ形体への最大実体公差方式の適用

最大実体公差方式を公差付きサイズ形体に適用する場合は、対象とする公差付きサイズ形体が、その許容限界サイズ内でその最大実体状態から離れているとき、形体が最大実体実効状態を超えないという条件下で、指示した幾何公差の公差値を増加させることができる。

11.2.2　データム形体への最大実体公差方式の適用

最大実体公差方式をデータム形体に適用する場合は、データム軸直線又はデータム中心平面は、データム形体がその許容限界サイズ内でその最大実体状態から離れているとき、公差付き形体に関連して浮動（floating）してもよい。浮動の値は、その最大実体サイズとデータム形体のはまり合うサイズとの差に等しい。JIS では、理解しやすいように、完全形状のサイズと幾何公差の公差値の関係を動的公差線図として表す（**図 180～図 187** 参照）。

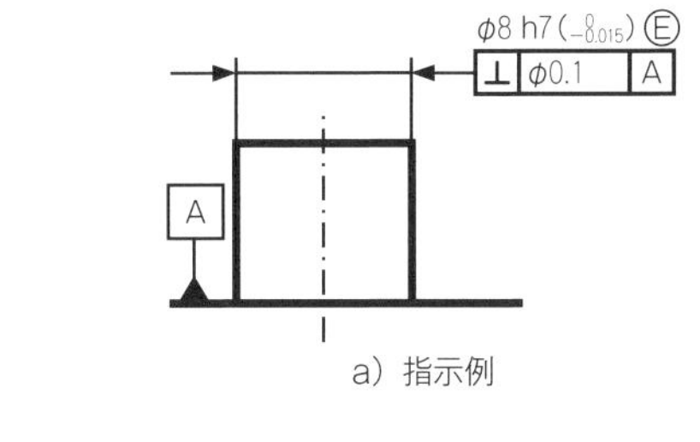

a）指示例

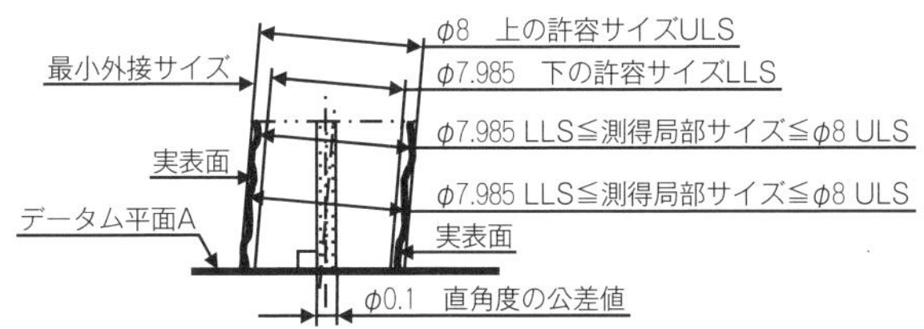

備考：測得局部サイズの測定位置と測定回数は任意である。
下の許容サイズLLSは、測得局部サイズの評価に用いる。

b）解釈

図 180 軸への最大実体公差方式指示ではない例とその解釈

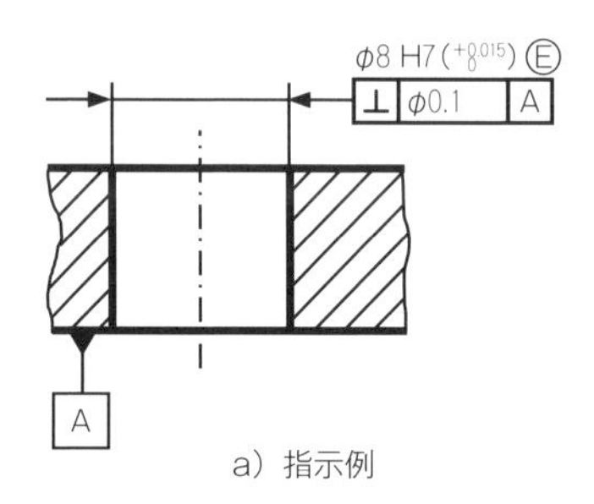

a）指示例

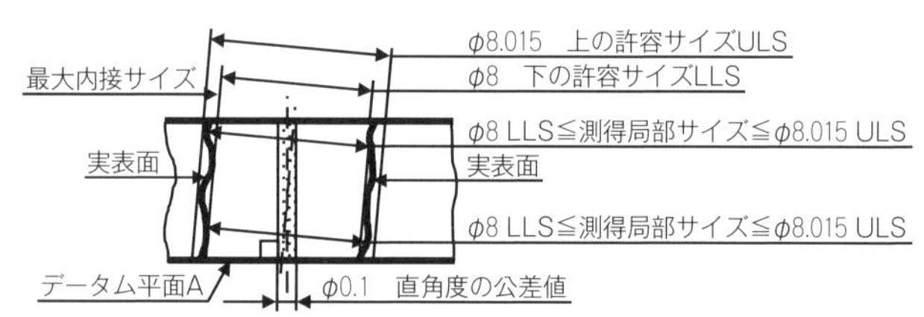

これらの部品を組立てた際に穴と軸はすきまばめで勘合するが、
組合せ面に隙間ができる可能性あり。

備考：測得局部サイズの測定位置と測定回数は任意である。
　　　上の許容サイズULSは、測得局部サイズの評価に用いる。

b）解釈

図 181 穴への最大実体公差方式ではない指示例とその解釈

最大実体公差方式：公差付きサイズ形体

φ7.8 h7 (0 −0.015)

⊥ φ0.1Ⓜ A

A

a）指示例

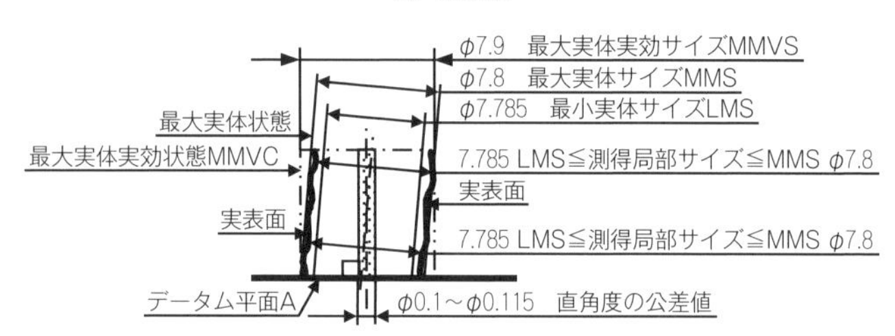

備考：測得局部サイズの測定位置と測定回数は任意である。

b）解釈

図 182 軸への最大実体公差方式指示例とその解釈

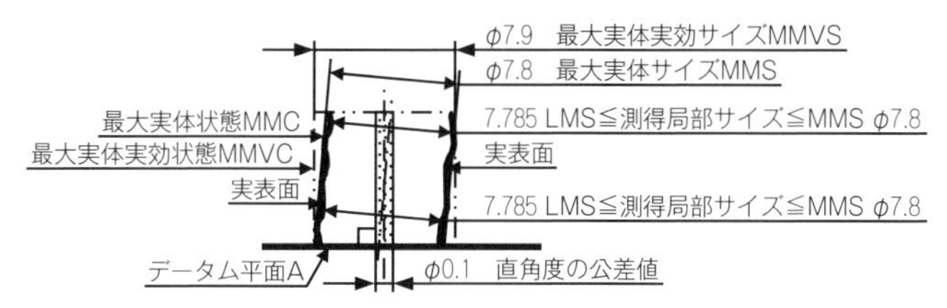

備考：測得局部サイズの測定位置と測定回数は任意である。

a）軸径が上の許容局部サイズに近い場合

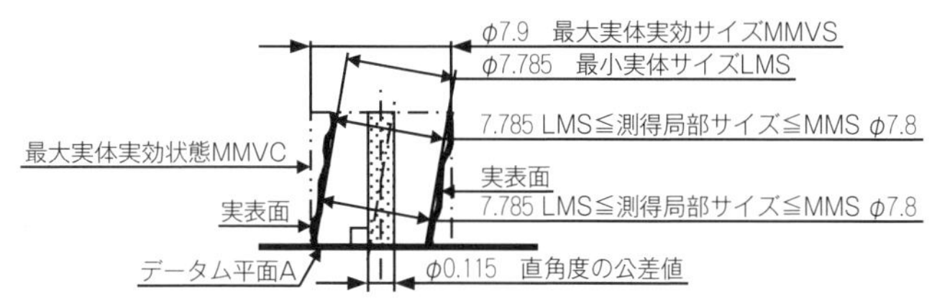

備考：測得局部サイズの測定位置と測定回数は任意である。

b）軸径が下の許容サイズに近い場合

図 183 図 176 b）を軸径で分けた場合の解釈

完全形状の軸の直径	直角度の公差値
7.8 MMS	0.1
7.795	0.105
7.79	0.11
7.785 LMS	0.115

a）完全形状の直径と直角度の公差値の関係

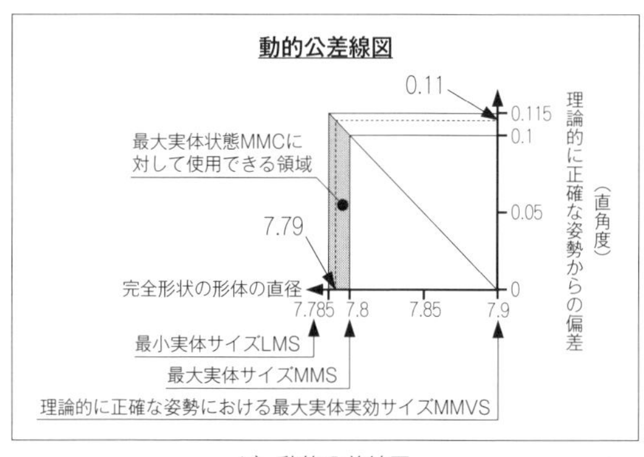

b）動的公差線図

図 184 図 176 の動的公差線図

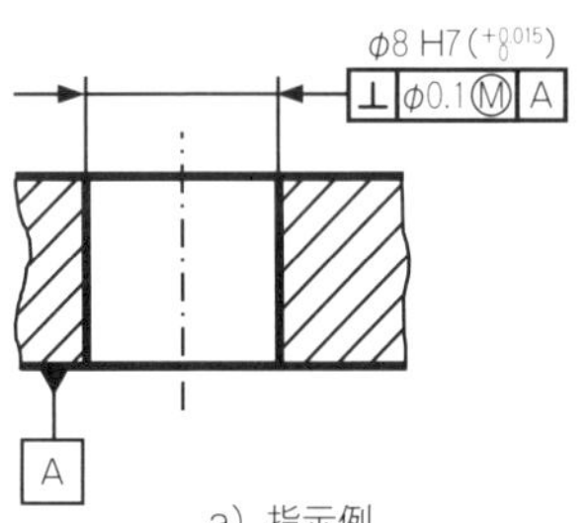

a）指示例

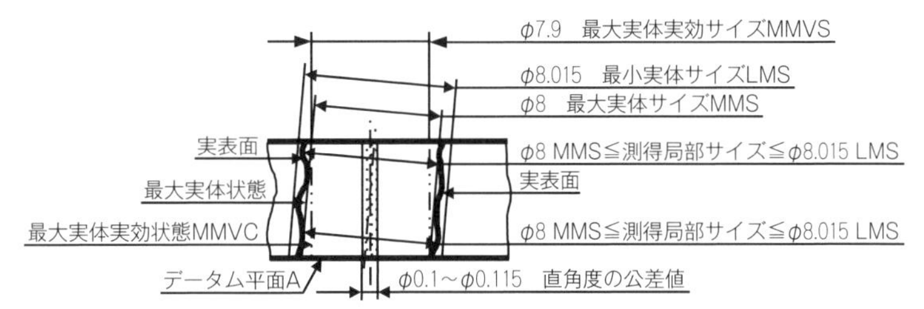

これらの部品を組立てた際に穴と軸は勘合して、組合せ面は
接触するが、穴と軸に隙間ができる可能性あり。

備考：測得局部サイズの測定位置と測定回数は任意である。

b）解釈

図 185 穴への最大実体公差方式指示例とその解釈

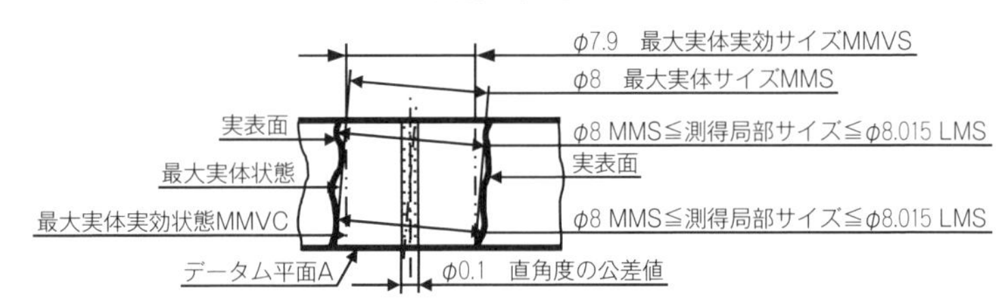

備考：測得局部サイズの測定位置と測定回数は任意である。

a）穴径が下の許容局部サイズに近い場合

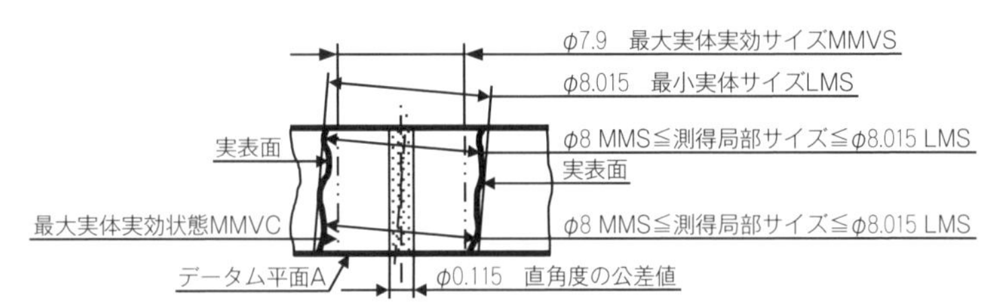

備考：測得局部サイズの測定位置と測定回数は任意である。

b）穴径が上の許容局部サイズに近い場合

図 186 図 185 b）を軸径で分けた場合の解釈

完全形状の穴の直径	直角度の公差値
8 MMS	0.1
8.005	0.105
8.01	0.11
8.015 LMS	0.115

a) 完全形状の直径と直角度の公差値の関係

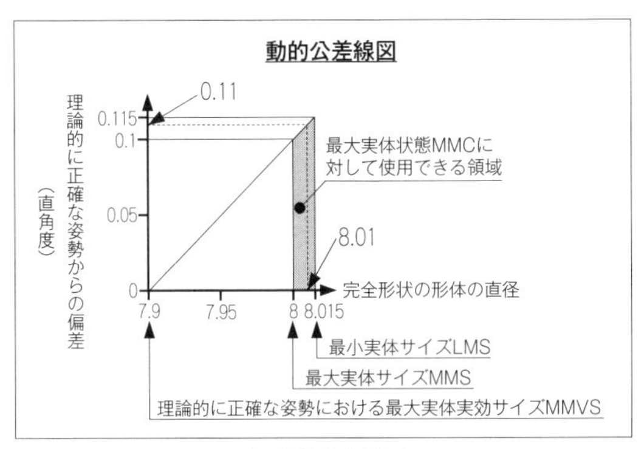

b) 動的公差線図

図 187 図 185 の動的公差線図

［備考：リンク機構、歯車の軸線、ねじ穴、しまりばめの穴など、公差を増加させることにより、機能が損なわれる場合には、最大実体公差方式を適用しないほうがよい。指示するサイズ公差と幾何公差をよく吟味し、ゼロ幾何公差方式の適用を検討することを勧める。］

11.2.3　穴の組み合わせに対する位置度への最大実体公差方式の適用

最大実体公差方式は、サイズ公差で指示した穴の直径の組み合わせと、その位置度と共に用いるのが一般的である（**図 188** 参照）。

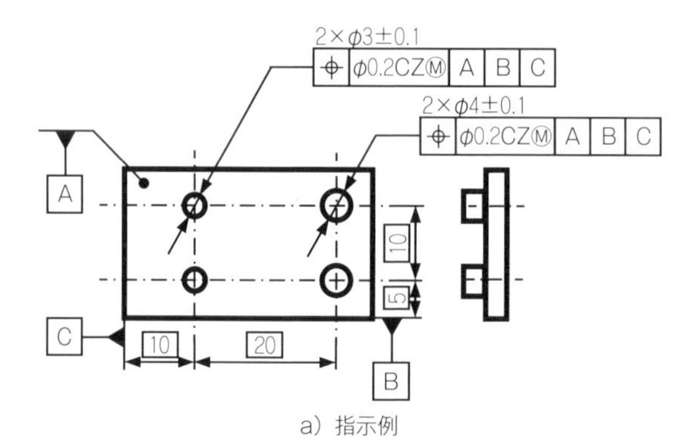

a）指示例

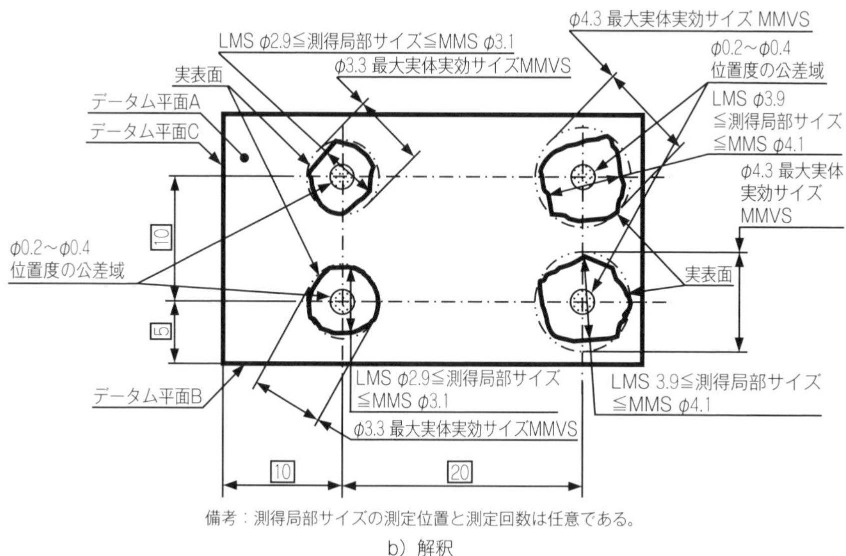

備考：測得局部サイズの測定位置と測定回数は任意である。

b）解釈

図 188 穴への組み合わせの位置度に最大実体公差方式を適用した例とその解釈

11.2.4 データム平面に対する軸の位置度への最大実体公差方式の適用

最大実体公差方式は、サイズ公差で指示した軸の直径と、その位置度に用いることができる。1つの公差記入枠で、2つの軸の相互の位置関係を記号「CZ」を用いて指示した例を図 189 に示す。

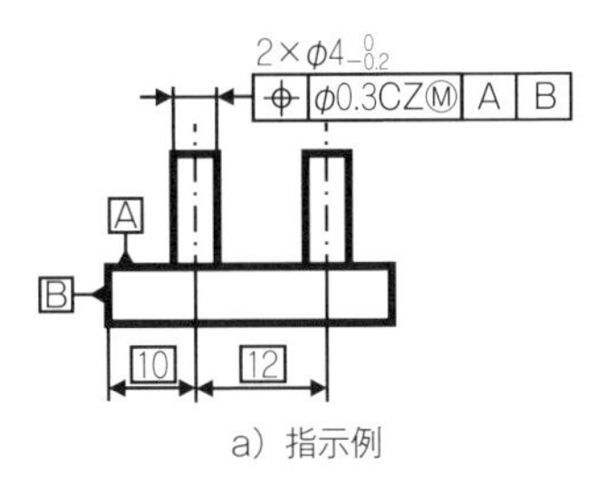

a）指示例

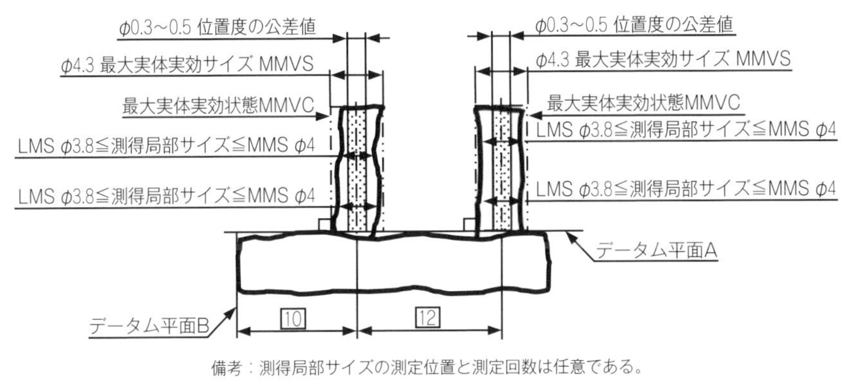

備考：測得局部サイズの測定位置と測定回数は任意である。

b）解釈

図 189 軸の位置度への最大実体公差方式の指示例とその解釈

11.2.5 サイズ形体の軸線に対する真直度への最大実体公差方式の適用

最大実体公差方式は、サイズ公差で指示した軸の直径と、その真直度に用いることができる（**図 190**、**図 191** 参照）。

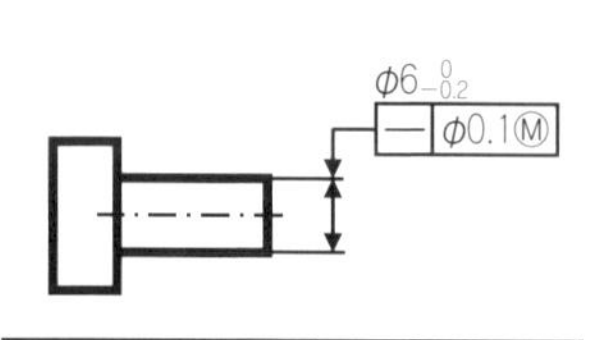

完全形状の穴の直径	直角度の公差値
6 MMS	0.1
5.95	0.15
5.9	0.2
5.85	0.25
5.8 LMS	0.3

a）指示例と完全形状の直径と公差値

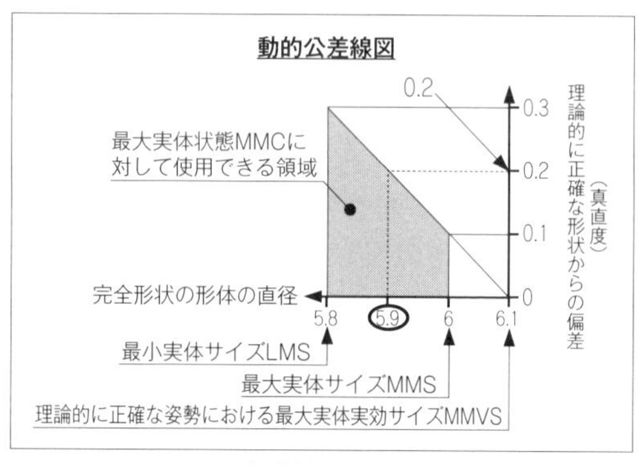

b）動的公差線図

図 190 軸への真直度の最大実体公差方式指示例とその動的公差線図

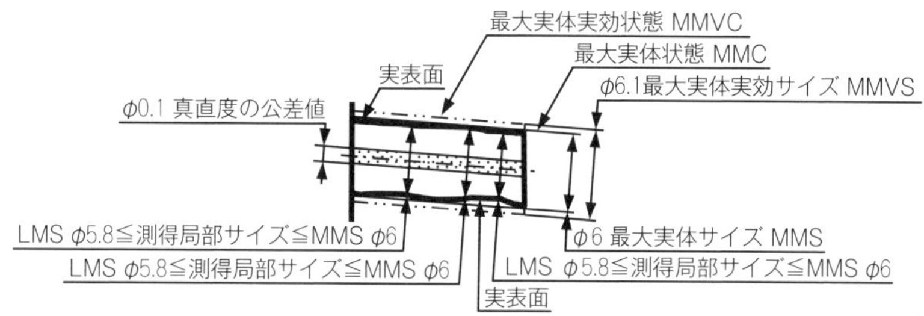

備考：測得局部サイズの測定位置と測定回数は任意である。
最大実体実効状態の範囲内で真直度が公差値内に変動できる。

a）軸径が上の許容局部サイズに近い場合

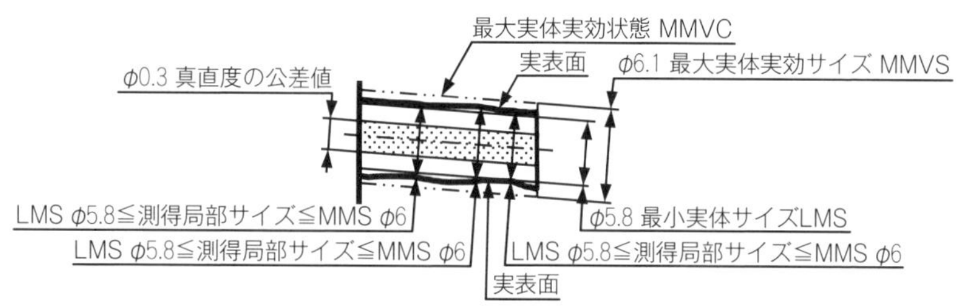

備考：測得局部サイズの測定位置と測定回数は任意である。
最大実体実効状態の範囲内で真直度が公差値内に変動できる。

b）軸径が下の許容局部サイズに近い場合

図 191 図 190 を軸径で分けた場合の解釈

11.2.6　ゼロ幾何公差方式

サイズ公差に全公差を割り当てることで、最大実体状態における幾何公差の公差値をゼロにする指示方法である。サイズ公差の公差値を厳しくしすぎると成り立たなくなるので注意を要する。図 190 のサイズ形体の軸線に対する真直度へゼロ幾何公差方式を適用した例を示す（**図 192**、**図 193** 参照）。公差幅が 0.3 から 0.2 へ小さくなっているため、一律には比較できないが、図 190 に比べて最大実体状態 MMC に対して使用できる領域が、最大実体実効状態 MMVS まで拡大したことがわかる。

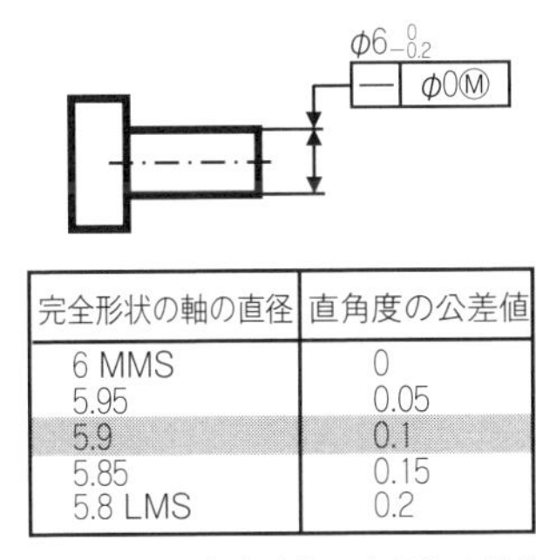

完全形状の軸の直径	直角度の公差値
6 MMS	0
5.95	0.05
5.9	0.1
5.85	0.15
5.8 LMS	0.2

a）指示例と完全形状の直径と公差値

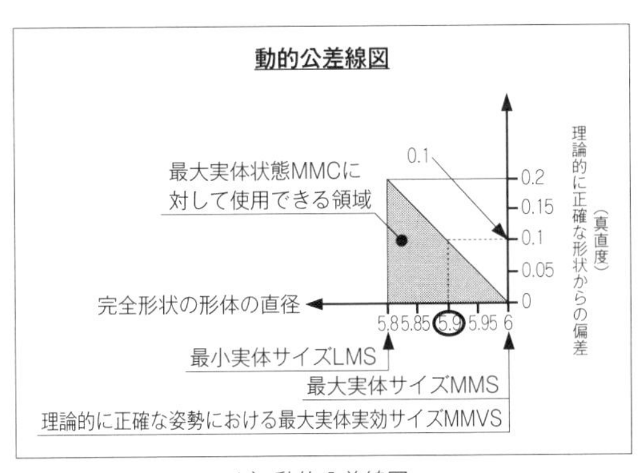

b）動的公差線図

図 192　軸への真直度のゼロ幾何公差方式指示例とその動的公差線図

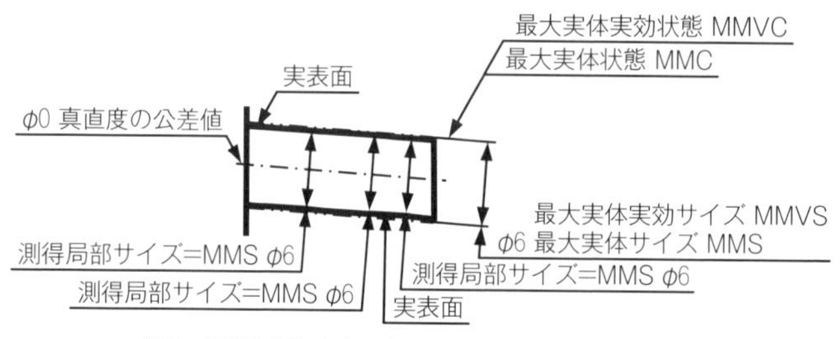

備考：測得局部サイズの測定位置と測定回数は任意である。

a）軸径が最大実体サイズの場合

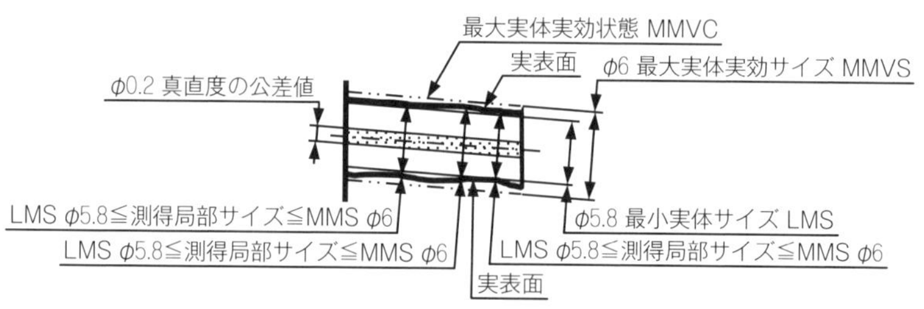

備考：測得局部サイズの測定位置と測定回数は任意である。

b）軸径が下の許容局部サイズに近い場合

図 193 図 192 を軸径で分けた場合の解釈

11.3 最小実体公差方式

最小実体公差方式は、公差付きサイズ形体に対して最小実体実効状態を超えないことを、また、データムを参照する指示の場合はデータム形体に対する完全形状の最小実体状態を超えないことを、要求する指示方法である。

最小実体状態は、その部品の体積や質量が、公差値内において最小になる値を考えればよい。例えば、軸の場合には最小直径、穴の場合には最大直径を考える。

この記号「Ⓛ」を用いる指示方法は、軸線又は中心平面に適用し、そのサイズ公差と幾何公差との間に関係をもたせる。

板端から穴までの距離を一定以上確保したい場合のデータムを参照した指示例を図 194 から図 198 までに示す。

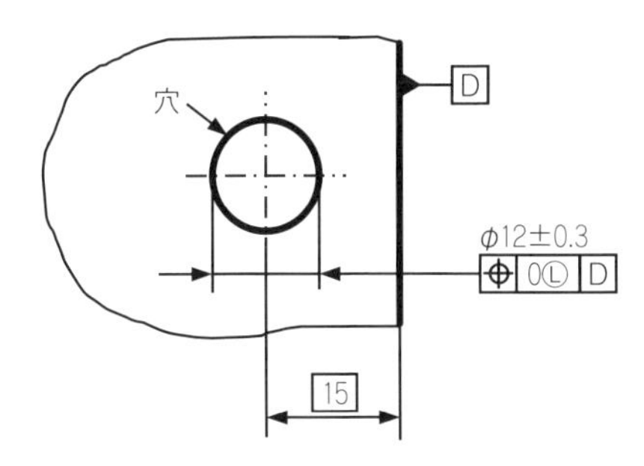

図 194 最小実体公差方式の指示例

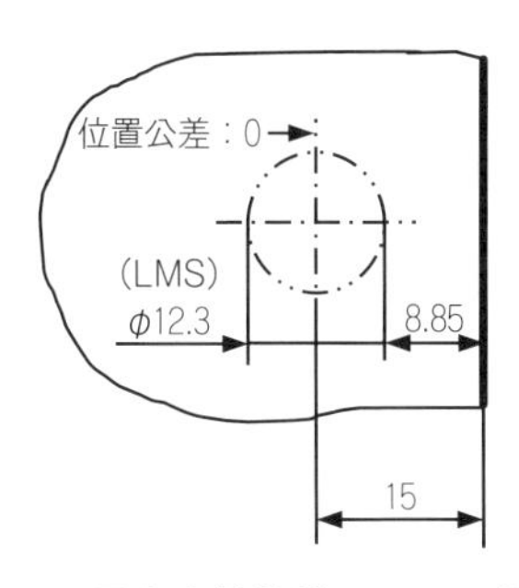

図 195 最小実体状態における解釈

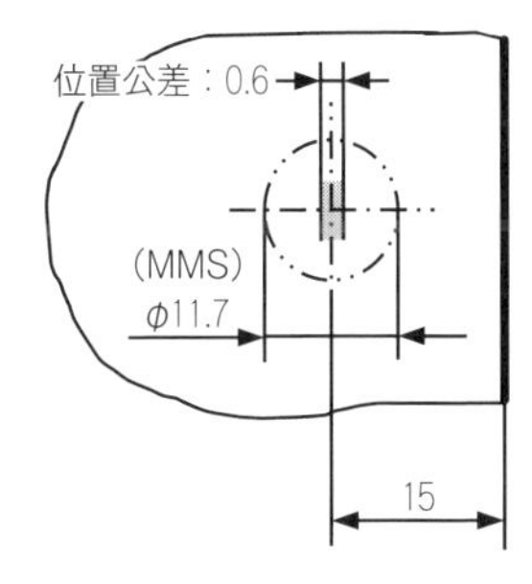

図 196 最大実体状態における解釈 1

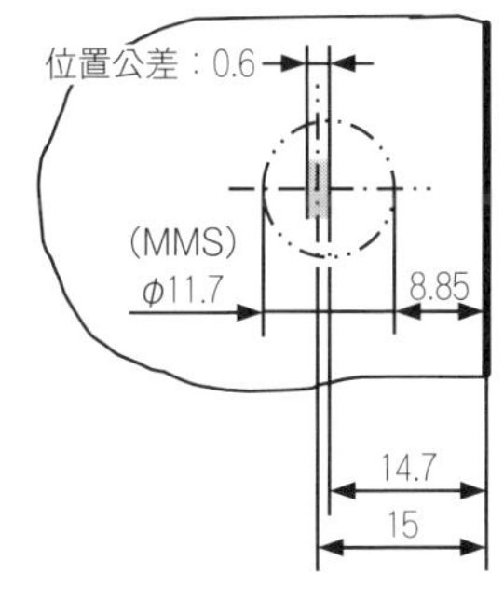

図 197 最大実体状態の解釈図 2（穴位置が板端に一番近付いたとき）

完全形状の軸の直径	位置度の公差値
11.7 MMS	0.6
11.9	0.4
12.1	0.2
12.3 LMS	0

動的公差線図

最小実体状態LMCに対して使用できる領域
12.1
0.2
完全形状の形体の直径
理論的に正確な位置からの偏差（位置度）
0.6
0.5
0.4
0.3
0.2
0.1
0
11.7　11.9 12 12.1　12.3
最大実体サイズMMS
最小実体サイズLMS
理論的に正確な姿勢における最小実体実効サイズLMVS

図 198 動的公差線図

第 12 章
その他の表し方

製図規格では、様々な仕様を表すために、その用途にあった記号が規定されている。この章では、2D 図面と 3DA モデルに関するその他の表し方について説明する。

12.1 テーパの表し方

テーパ比は、テーパをもつ形体の近くに、参照線を用いて指示する。参照線は、テーパをもつ形体の中心線に平行に引き、引出線を用いて形体の外形と結ぶ。ただし、テーパ比と向きを特に明らかに示す必要がある場合には、テーパの向きを示す図記号「⊳」を、テーパの方向と一致させて表す（**図 199** 参照）。

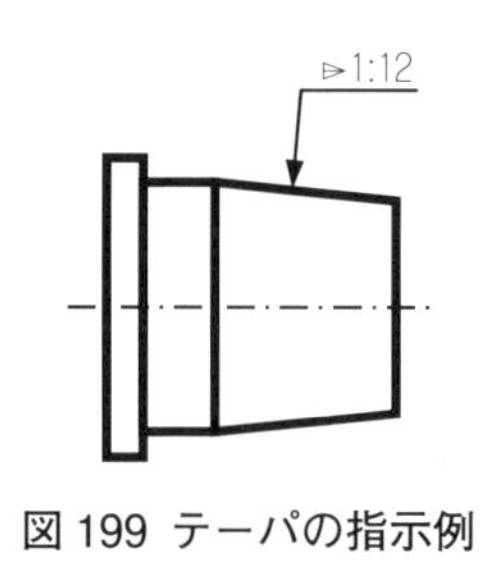

図 199 テーパの指示例

12.2 勾配の表し方

勾配は、勾配をもつ形体の近くに、参照線を用いて指示する。参照線は水平に引き、引出線を用いて形体の外形と結び、勾配の向きを示す図記号「⊿」を、勾配の方向と一致させて表す（P. 100 の図 112 参照）。

12.3 加工・処理範囲の表し方

加工・処理範囲を表す領域を限定する場合には、「加工・処理範囲の限定」項による。加工・処理範囲を指示する場合には、特殊な加工を示す太い一点鎖線を用いて位置及び範囲の寸法を記入する。

12.4 非比例寸法の表し方（3DA モデルでは用いない）

一部の図形がその寸法数値に比例していない場合には、寸法数値に太い実線の下線を引く。ただし、一部を切断省略したときなど、特に寸法と図形とが比例しないことを表す必要がない場合には、この太い実線の下線を省略する。

12.5 その他の一般的な注意事項

(a) 円弧部分の寸法は、円弧が 180° までは半径で表し、それを超える場合は直径で表す。ただし、円弧が 180° 以内であっても、機能上または加工上、特に直径の寸法を必要とするものに対しては、直径の寸法を記入する。

(b) 加工又は組立の際、基準とする箇所がある場合には、寸法はその箇所をデータムとして指示して記入する。

(c) 工程を異にする部分の寸法は、それらの寸法の配列を工程ごとに分けて記入するのがよい。

(d) 互いに関連する寸法は、1 か所にまとめて記入する。例えば、フランジのボルト穴のピッチ円の直径と穴の配置とは、ピッチ円が描かれている側の図にまとめて記入するのがよい。

(e) T 形管継手、弁箱、コックなどのフランジのように、1 個の部品内に全く同一の形状と寸法の部分が二つ以上ある場合には、そのうちの 1 か所だけに寸法を記入するのがよい。この場合、寸法を記入しない部分が、同一寸法であることの注記をする。

12.6 照合番号

(a) 照合番号は、通常、アラビア数字を用いる。

組立図の中の部品に対して、別に製作図がある場合は、照合番号に代えて、その図面番号を記入してもよい。

(b) 照合番号は、次のいずれかによるのがよい。

1) 組立の順序に従う。

2) 構成部品の重要度に従う。

例：部分組立品、主要部品、小物部品、その他の順

3) その他、根拠のある順序に従う。

(c) 照合番号を図面に記入する方法は、次による（図 200 及び図 201 参照）。

1) 明確に区別できる文字を用いるか、又は、文字を円で囲んで示す。

2) 対象とする図形に引出線で結んで記入するのがよい。

3) 図面を見やすくするために、照合番号を縦方向又は横方向に一列に並べて記入することが望ましい。

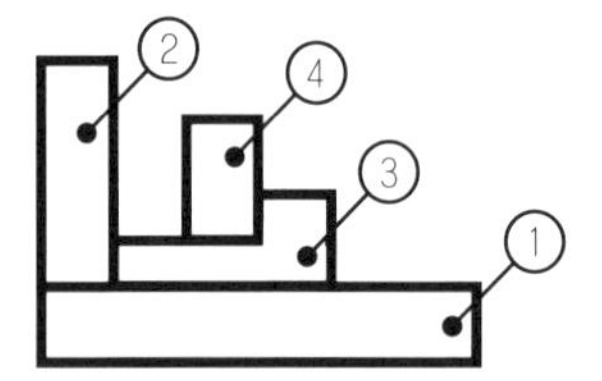

図 200 照合番号の指示例(1)

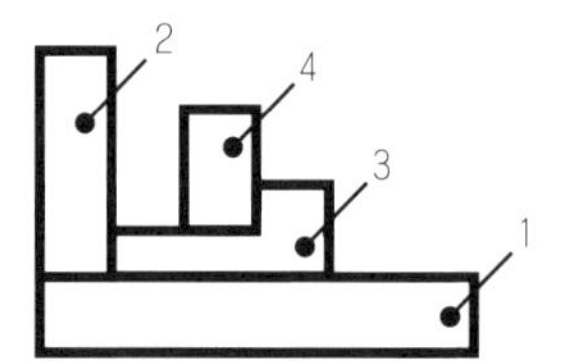

図 201 照合番号の指示例(2)

12.7 図面内容の変更方法

出図後において図面の内容を変更する場合には、変更箇所に適当な記号を付記し、変更前の図形と寸法などは適切に保存する。この場合、変更履歴欄に変更の日付、理由などを簡潔に記載する（図 202 参照）。

3DA モデルの場合は、ひとつのモデルの中で形状が削除された場合など、変更前後の違いを表すのが難しい場合もあるので、形状の差異の詳細は、変更前後のモデルを比べることとして割り切り、変更内容がわかるように簡潔に説明するのがよい。

CAD ではモデルの大きさと寸法が関連付いており、変更後の寸法だけを表示することとなる。必要ならば、変更前の寸法に訂正線を付けて変更後の寸法の近くに変更箇所を表す記号と共に示すとよい（図 202 参照）。

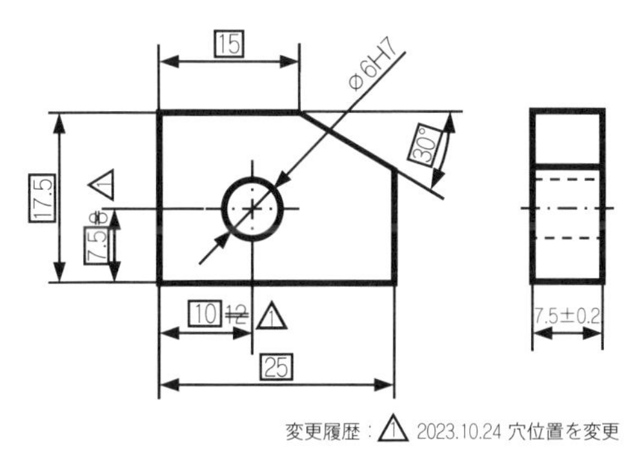

図 202　変更履歴の指示例

12.8 領域

12.8.1　領域の公差付き形体

単一の形体の一部分を領域に設定して公差付き形体に指示する方法は、次による。

- 2D 図面の投影図では、領域に指定する範囲を少し離れた位置に太い一点鎖線を描き、その大きさと位置を TED で指示する。太い一点鎖線に指示線を指して公差記入枠を指示する。
- 3DA モデルでは、領域の境界を太い一点鎖線で描き、その内側にハッチングを施す。人が見た際にわかりやすくするには、その大きさと位置を TED で指示する。単一の形体は領域の境界で面を分割し、その領域の形体を関連付けて公差記入枠で指示する。面を分割してよいかは、このデータをどのように使うかを検討して、その際の利用条件により判断する。

・3DA モデルでは、領域の境界を太い一点鎖線で描き、さらに領域の境界の角に十字で示す点を記号「×」で描き、端末記号として塗りつぶした矢印を付けて引出線をラテン文字の大文字で識別する。人が見た際にわかりやすくするには、その点の位置を TED で指示する。その領域内の形体から黒塗りの丸印の端末記号を付けた指示線で公差記入枠を指示して、その識別文字と区間指示記号「↔」で範囲を指定する。単一の形体は領域の境界で面を分割し、その領域の形体を関連付けて公差記入枠で指示する。

・形体間の稜線が領域の境界線の場合は、稜線に矢印を付けてラテン文字の大文字で識別する。その領域内の形体に公差記入枠を指示して、その識別文字と区間指示記号「↔」で範囲を指定する。公差記入枠には対象形体すべてを関連付ける。

[備考：3D CAD で複数の形体を一括で選択する場合は、CAD 機能の領域選択などを用いるのがよい。]

12.8.2　加工仕様や表示仕様のための領域

単一の形体の一部分を領域に設定してその仕様を指示する方法は、次による。

・2D 図面の投影図では、領域に指定する範囲を少し離れた位置に太い一点鎖線を描き、その大きさと位置を TED で指示する。太い一点鎖線に指示線を指してその仕様を指示する。

・3DA モデルでは、領域の境界を太い一点鎖線で描き、その内側にハッチングを施す。人が見た際にわかりやすくするには、その大きさと位置を TED で指示する。単一の形体は領域の境界で面を分割し、その領域の形体を関連付けた引出線で仕様を指示する。

・3DA モデルでは、領域の境界の角に十字で示す点を記号「×」で描き、矢印を付けてラテン文字の大文字で識別する。人が見た際にわかりやすくするには、その点の位置を TED で指示する。単一の形体は領域の境界で面を分割し、その領域の形体を関連付けた引出線で仕様を指示する。

・形体間の稜線が領域の境界線の場合は、稜線に矢印を付けてラテン文字の大文字で識別する。その領域内の形体に引出線で仕様を指示して、その識別文字と区間指示記号「↔」で範囲を指定する。その指示には対象形体すべてを関連付ける。

[備考：3D CAD で複数の形体を一括で選択する場合は、CAD 機能の領域選択などを用いるのがよい。]

第 13 章
表面の仕上げ状態の表し方

除去加工（切削加工）により、部品表面に現れる加工痕の粗さや模様などの仕様を表すために用いるのが表面性状である。この章では、2D 図面と 3DA モデルに関する表面性状の表し方について説明する。

13.1 表面性状

部品の表面には、加工や処理の結果により生じた幾何学的に微細な凸凹がある。部品設計では、この表面のデコボコ、ザラザラ、ツルツル、ピカピカの具合を定量的に表して、品質管理を行うことが重要である。これを測定するための測定機として、古くから触針式の表面粗さ測定機が広く活用され、ISO/JIS 規格が定められている。近年は、非接触式の光学式の表面性状測定機も使われ始めており、その ISO/JIS 規格が定められている。ここでは広く用いられている接触式の表面粗さ測定機と、その図示方法について説明する。

接触式の表面粗さ測定においては、部品表面における筋目の方向が評価結果に影響を与えるため、表面の凸凹と筋目を含めて「表面性状（Surface texture）」と呼んでいる。なお、表面についた傷や汚れについては、「表面不整（Surface imperfections）」[13] としている **ISO 8785** を参照する。

ISO/JIS 規格では、表面性状の評価を 3 つの曲線、すなわち、「断面曲線（primary profile）」、「粗さ曲線（roughness profile）」、「うねり曲線（waviness profile）」に分けて取り扱う。「断面曲線」、「輪郭曲線（profile）」、「粗さ曲線」と「うねり曲線」の関係を**図 203** に示す。他に、モチーフパラメータやプラトー構造表面の特性評価があるが、ここでは取り上げない。

表面粗さ測定機では、測定物の表面を切削加工品の場合は表面の筋目と直交する方向に触針でなぞって測定断面曲線を測定結果として得る。

測定結果を評価するための概略としては、測定で得られた測定断面曲線を、フィルタで分離処理して、断面曲線、ノイズ、粗さ曲線、うねり曲線、形状誤差などの成分に分けて評価を行う（図 203 参照）。

測定で得られた断面曲線からカットオフ値「λ_s 輪郭曲線フィルタ（λ_s profile filter）」とカットオフ値「λ_c 輪郭曲線フィルタ（λ_s profile filter）」、及びカットオフ値「λ_f 輪郭曲線フィルタ（λ_f profile filter）」でそれぞれの波長成分に分けるこ

---

[13] JIS では、ISO の“Surface imperfections”に対応する用語を「表面欠陥」としてきたが、「欠陥」だけを規定する規格ではないため、2023 年に「表面不整」へ改められた。

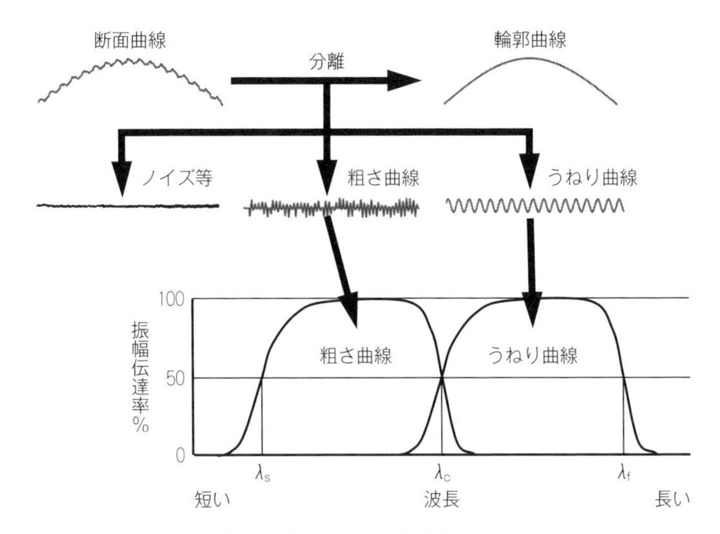

図 203 断面曲線、輪郭曲線、粗さ曲線とうねり曲線の関係

とで得ることができる。これらのそれぞれの曲線から表面性状パラメータを計算する。図203では、横軸に波長を採っているので、「左側に行くほど波長が短い＝細かな表面の粗さ」で、「右側に行くほど波長が長い＝形状自体のゆがみ」を表している。λ_s より波長の短い成分はノイズ等として除去する。

図面に指示する際のこれらの各曲線の表面性状パラメータの記号は、明確に区別して、「断面曲線」を「P」、「粗さ曲線」を「R」、「うねり曲線」を「W」から始まるパラメータで指示し、それに続く記号がパラメータの幾何学的で統計的な指示を表す。よく用いられるのは、『粗さ曲線の算術平均高さ「Ra」』と『粗さ曲線の最大高さ「Rz」』である。

『粗さ曲線の算術平均高さ「Ra」』は、一般的に多く用いられる指示方法であり、基準長さにおける粗さ曲線「Z(X)」の高さ絶対値の平均、すなわち、粗さ曲線を平均線で折り返し、それらの面積の平均が「Ra」である（**図 204** 参照）。平均的な粗さの程度を規定できることから、安定した基準面、表面仕上げを行う面、はめ合い部などに用いる。

一方の『粗さ曲線の最大高さ「Rz」』は、基準長さにおける粗さ曲線「Z(X)」の最大山高さ「Rp」と最大谷深さ「Rv」との和が「Rz」である（図204参照）。基

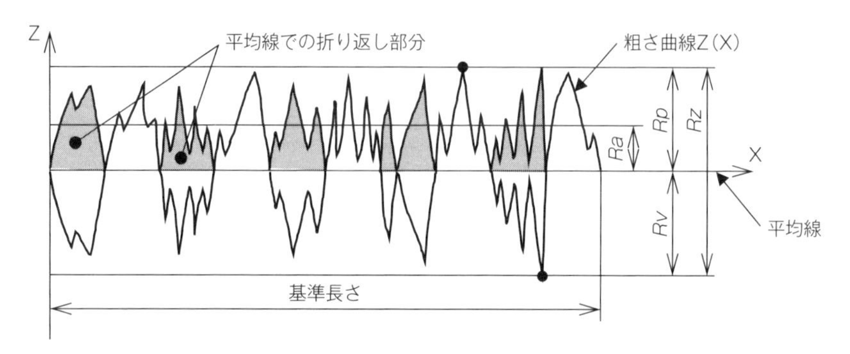

図 204 算術平均高さ *Ra* と最大高さ *Rz*

準長さにおける最大高さを規定できることから、液漏れや空気漏れを防ぐためのパッキンを接触させる面、薄付けで地肌の影響を受けやすいめっきや蒸着を行う面などに用いる。

各パラメータは、部品の機能から、部品表面の仕様をどのように仕上げてもらうのか、また、どのように管理してもらうのかにより、例えば、「輪郭線の基準長さ当たりで、山高さと谷深さの差を管理してもらう」や、「最大山高さを管理してもらう」、「最大谷深さを管理してもらう」、「山高さと谷深さの算術平均高さを管理してもらう」などを、区別して指示する。表面性状パラメータの分類と記号は、P. 36 の表 14 を参照する。各表面性状パラメータの詳細と、輪郭曲線方式の詳細については、**JIS B 0601** を参照する。

次に、図面で図示記号などを用いて、部品表面の表面性状を指示する方法を説明する。詳細は、**JIS B 0031** を参照する。

表面性状の図示記号は表 13 と表 14 に示している。

「除去加工をする／しない／有無を問わない」場合で記号を使い分ける。また、表 15 に示したように、投影図に対して部品一周の全周を一括指示できる全周記号を使うことができる。

表面性状の図示記号への要求仕様の指示位置は P. 37 の表 17 に示した。

表面性状パラメータ記号とその値は、次の 4 項目で構成する。

—各輪郭曲線の指定（*R*、*W* 又は *P* のいずれか）

—パラメータの種類

—評価長さに含まれる基準長さの数
—許容限界値
　これらを組み合わせて要求仕様に合う表面性状を指示する。

　許容限界値は、標準では「16 %ルール」が適用されるが、必要に応じて「最大値ルール」を指示することもできる。
　16 %ルールは、指示値がパラメータの上限値の場合、1 つの評価長さから抽出したすべての基準長さ内において、測定値が指示値を超える割合が 16 %以下であればよいとする。指示値がパラメータの下限値の場合、同様に測定値が指示値より小さい割合が 16 %以下であればよい。
　最大値ルールとは、指示値がパラメータの最大値の場合、1 つの評価長さから抽出したすべての基準長さ内において、測定値が指示値を超えてはいけない。このルールを適用するには、パラメータ記号に「max」を付記する（例えば、*Rz*max）。
　「16 %ルール」と「最大値ルール」の詳細は、**JIS B 0633** を参照する。
　標準通過帯域における 16 %ルールを適用した場合と最大値ルールを適用した場合の 2 つのパラメータを指示した例を**図 205** と**図 206** に示す。

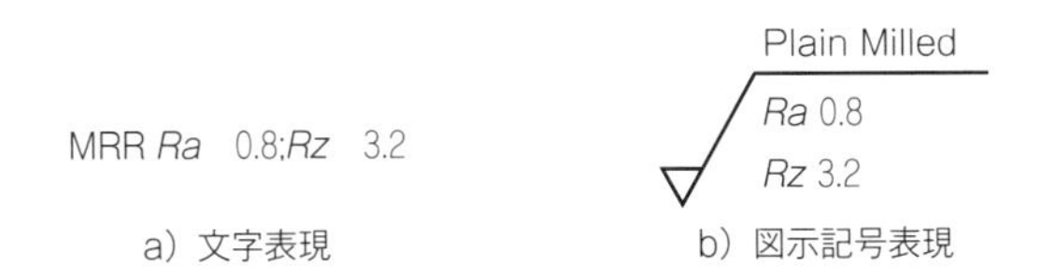

図 205　16 %ルールを適用した場合の 2 つのパラメータを指示した例（標準通過帯域）

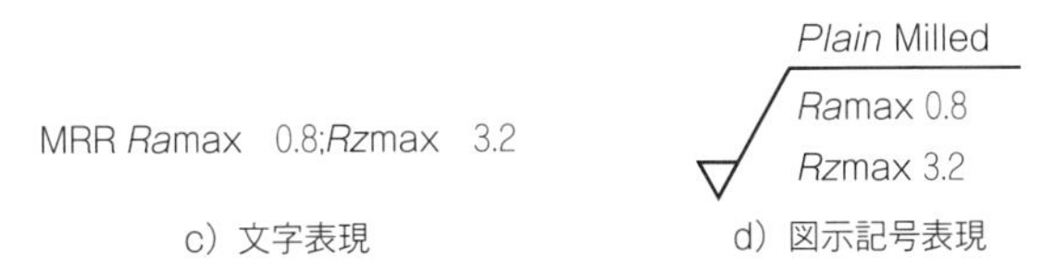

図 206　最大値ルールを適用した場合の 2 つのパラメータを指示した例（標準通過帯域）

図形の周囲へ表面性状記号を図示する場合、各辺への指示方法を**図 207** に示す。図示した指示は、図面の下辺又は右辺から読めるように示す。

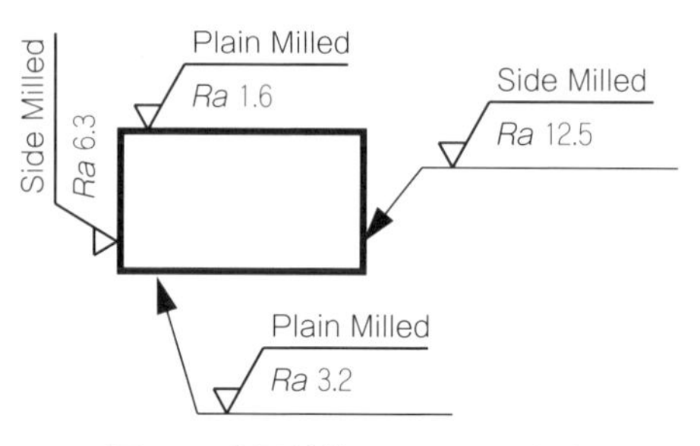

図 207 表面性状記号の図示方法

一般的に、図示記号又は引出線は、部品の外形線又は外形線の延長線上に指示する。引出線の端末記号が塗りつぶした丸印及び矢印の例を**図 208** に示す。

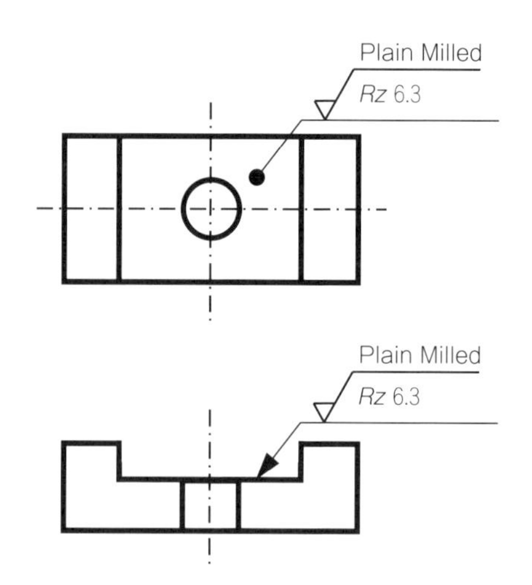

図 208 2 種類の端末記号を用いた引出線の例

表面性状記号を寸法線へ指示する図示例を**図 209** に示す。円筒面以外に図示例のように指示すると、設計者の意図とは異なる解釈をされる場合があるので注意する。

コラム　量記号と添字の表し方

表面性状の記号は量を表す記号と添字を用いて表す。

量及び単位の表し方については、『JIS Z 8000 シリーズ（ISO 80000 シリーズ）「7. 印刷に関する規則」』で規定されている。学校の教科書や専門書などはこの規格の表現を用いている。

量記号は、一般にアルファベットの大文字 1 文字で表し、場合によって、添字又はその他の修飾用符号を付けることができる。ただし、マッハ数（*Ma*）のような特性数のための記号はアルファベット 2 文字で表し、1 文字目は常に大文字とする。これらの量記号は、常に斜体で表現する。また、量記号の用途を区別するためには、添字を用いる。物理量や順序数などの添字は、常に斜体で表現する。その他の単語または数を表す添字は直立体で表現する。詳細は、JIS Z 8000 シリーズを参照する。

技術者としては、数学や物理などの教科書における直立体と斜体の使い分けについて、教養の 1 つとして覚えておいたほうがよいだろう。

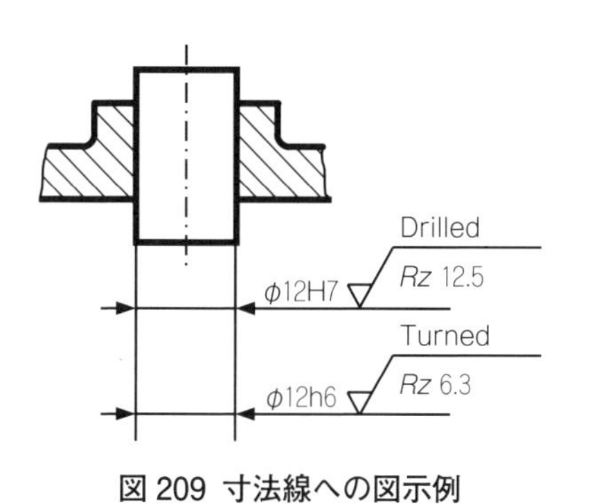

図 209　寸法線への図示例

図 209 を 3DA モデルで表した例を**図 210** と**図 211** に示す。図 211 では、「∅12h6」の軸径を表す寸法が軸外径に関連付けられていることが確認できる。Creo の関連付け機能では、軸の直径を参照先として選択すると、直径寸法がハイライトした緑色で表示され（図 211 では薄いグレー色）、その結果、直径寸法に関連付けしている軸外径部が紫色で表示され（図 211 では濃いグレー色）、寸法と形

状の関係性が確認できる。

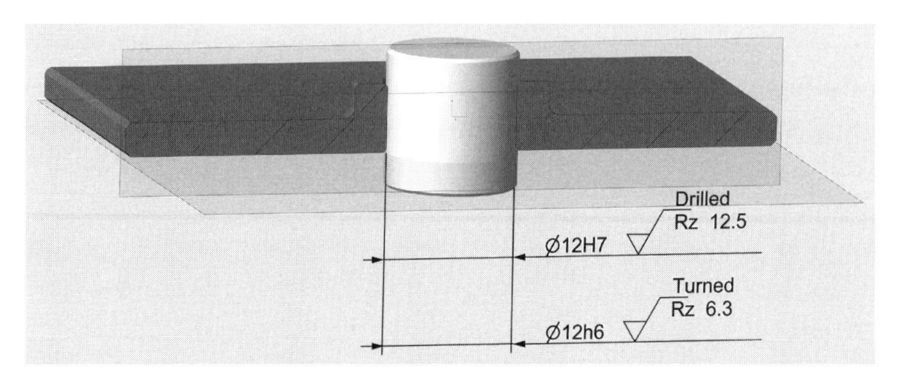

図 210 3DA モデルで穴と軸に関連付けて図示した例

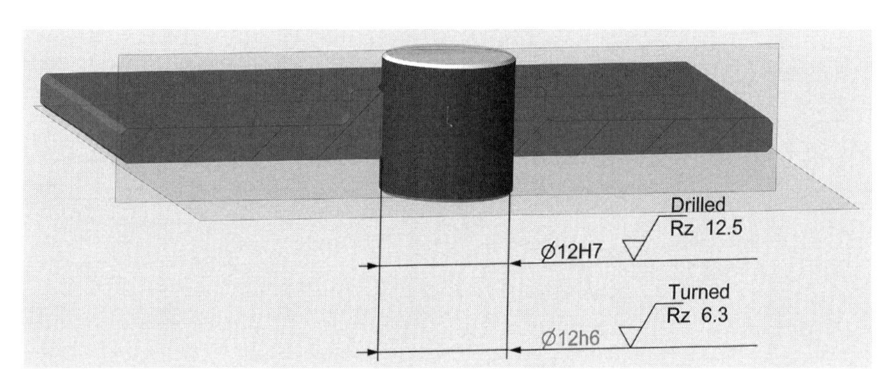

図 211 軸の関連付けをクエリで表した例

第 14 章
3DA モデルの効果的な作り方と活用方法

3DA モデルを工夫して作ることで、設計プロセス全般にわたり、効果的に作成・活用・更新することができる。この章では主に 3DA モデルの作成方法や活用方法について概要を説明する。

14.1 構想設計から詳細設計へ

商品企画段階では、どのような商品を作るのかが話し合われ、アイデアがまとまってくると実現する機能のとりまとめを行い、そこから内蔵するデバイス選定やどのような操作スイッチが必要であるかなどの機能要求を決める。それにつれて、どの程度の大きさでどのような意匠デザインにするかなどを決めるとともに、どの程度の耐久性や想定使用時間なども決める。

大きさに余裕のある商品であれば、問題となることはないが、小型の商品ではデバイスや操作スイッチなどをどのように配置するかなど、その際にどの程度の大きさとなるか、重さがどの程度になるかなどを検討することになる。

3D CADを使う設計では、既に利用実績のある部品を使う場合は、その部品を呼び出してアセンブリモデルに組立て、新規の部品であれば、そのモデルを作成することとなる。また、新規部品でもカタログや仕様書のある購入部品を採用する場合は、そのメーカーが3Dモデルを提供している場合はそれを入手する。または仕様書を元にモデルを作ることができる。なお、メーカーから入手した3Dモデルは異なる用途のために作られていると考えられるので、作られている形状や寸法を確認して、必要に応じて修正や形状追加、寸法追加などを行うことを推奨する。

既存部品で同様の機能をもつ部品の3DAモデルがあれば、必要な形状は多少異なっているが、必要な体積やその部品の質量は、それほど変わらないと考えられる。

構想設計段階では、確からしい配置と製品外形が検討できればよいので、新規部品は大雑把な立方体で形状を作成し、既存部品や購入部品の場合は詳細モデルを配置する。その際に大事なのは、部品間の組立方法（勘合やねじ止め、接着など）をしっかり考えておき、配置すること。往々にして、部品を先に適当に配置しておき、後で組立方法を考えることにすると、その組立方法に破綻をきたすことがある。

また、面当てで基準取りを行う場合は、なるべく長いスパンで、十分広い面積で平面同士が当たるように考えておくと、安定した高い品質の組立が実現できる。

さらに、部品を組み立てていく際に、十分な作業スペースが確保できているかを考えることも大切である。ケーブル、コネクタ、FPCなどを使う場合は、挿入できるスペース、取り回しできるスペース、組立てた後で余った長さを、例えばはんだ付けがはがれる方向に力が掛かったままにならないかなどを十分に検討するとよい。サービス部品の場合は、交換修理することができるかを考えておく必要もある。

同等の既存機種の知見や想定される課題などを参考にして、構想設計を行うとよい。詳細設計を行う際は、大雑把な形状を参考にしながら、組立状態も確認しつつモデルを作成していくとよい。パラメトリック機能を有するCADの場合、組立状態で隣の部品の形状に関連付けしてモデルを作成していくと、後で関連付けしている隣の部品の形状が変更されることで、関連付けにより当該部品も変更されることになってしまう場合があるので、注意を要する。

部品間の基準のモデリング方法については、3.2節を参照のこと。

14.2　スケルトン設計の方法

14.1節で説明した製品の外形寸法、大雑把な新規部品の形状や各部品の基準と組立位置などを部品やアセンブリのモデルファイルとは別のモデルファイルに作成する方法を説明する。この設計手法を「スケルトン設計」といい、ここでは、そのモデルファイルを「スケルトンファイル」という。

同じアセンブリでは、ひとつのスケルトンファイルを共用する。

各部品ファイルでは、スケルトンファイルを組み込みして利用する。

スケルトンファイルには、各部品の基準や組立条件が作ってあるので、部品をモデリングしていく際には、スケルトンファイルの基準や組立条件を参照して、モデルを作成していく。各部品を設計していく作業において、もし、ある部品の基準の位置や組立条件を変更せざるを得なくなったら、スケルトンファイルを開き、スケルトンファイルに作ってある基準の位置を移動させる。そうすると、その基準を参照して作られている部品の形状も、その基準の移動に追従して自動的に変更される。

部品の形状をモデル作成する際には、そのような変更が入ることを想定して、スケルトンファイルの基準や組立条件を参照して、部品の形状をモデル作成する必要がある。

14.3 設計変更や流用設計を意識した作成方法

設計活動においては、設計変更を行わざるを得ない状況になることを、当然のように考えておかなければならない、また、日々の検討の中で形状変更をすることもある。また、量産以降においても、部品が流用されることも想定される。

モデルを作っていく過程や、形状修正を行っていく過程で、つぎはぎで形状を作っていくと、破綻をきたすことがあるので注意を要する。

14.4 部品間の干渉確認の活用

3D CAD では、部品を組み立てたアセンブリを作ることができ、それらの部品間の干渉や、部品間の隙間が十分確保されているかを確認することができる。また、CAD によっては、指示されている公差を元に、形状を公差内で最大にしたり、最小にしたりできるものがあり、公差による組立状況を確認できるものもある。

その場合は、部品の組み立て位置を座標値で設定するのではなく、形体同士の接触条件などで設定する必要がある。

14.5 部品間の公差解析の活用

公差解析は、部品間の干渉確認に、製造ばらつきが加わった検討が行える。

理想的には、通常の部品が、加工により、その仕上げ寸法が、加工の品質管理能力に依存して、正規分布の傾向で寸法ばらつきが生じると考える。そのばらつきをもった部品同士を組み立てた際に生じる品質問題を計算で求める。

14.6 設計意図を伝えるための活用

図面だけでは表しきれない仕様がある場合、それを表現して伝えるために、補助資料などを準備することがある。2D 図面に較べて、3DA モデルでは様々な表現方法を書き加えることができる。

14.7 測定作業での活用と「当てはめ」

3D モデルあるいは 3DA モデルは、測定に活用することができる。

3D モデルの場合は、形状モデルから CNC–CMM やデジタイザの測定パスプログラムを作成することができ、元の形状モデルとの比較を行うための等高線分布を確認することができる。3DA モデルの場合は、PMI から基準（データム）やデータムに対する公差を読み取ることができるため、評価結果を求めることができ、それを測定結果報告書として作成できる。

測定データから部品のできあがりの形状を求める方法のことを「当てはめ (association)」という。製図規格では、デフォルトの当てはめ法が決められており、また、必要に応じて設計者が他の方法を指示することもできる。

データムの当てはめのデフォルトは、「正接（tangent contact)」であり、データム以外の部位のデフォルトは「最小二乗法（least squares method)」を用いる。

データムが丸穴の場合は最大内接（maximum inscribed）を、軸の場合は「最小外接（minimum circumscribed）」を用いる。

その他の当てはめ法としては、「最小領域法（minimum zone method）」がある。最小領域法を計算する際にはミニマックス原理（minimax principle）によるチェビシェフ（chebyshev）の多項式を用いるため、最小領域法の代わりに、「ミニマックス」や「チェビシェフ（chebyshev）」と呼ばれる場合がある。また、最小二乗法のことを「ガウシアンフィッティング（gaussian fitting）」ともいうことから「ガウシアン（gaussian）」と呼ぶこともある。

当てはめ法は、単に形状ができていればよいことを確認するのか、又は、はめ合い部などの機能要求を満たす必要があるのかなどを考慮して、選択・指示する必要がある。

14.8 加工作業での活用

商品設計で作成する各部品の3DAモデルは、部品の仕上がりイメージを表したものだが、それを加工用のデータとして活用することができる。

成形用金型を作成する場合には、仕上がりイメージの3Dモデルに、金型を作成するために必要な、金型の割り位置（パーティングライン／パーティングサーフェイス)、抜き勾配や鋳込みのゲート形状と位置、削り代、モルダーマーク（成形品の管理用としての成形メーカーやロット番号など)、シボ加工処理などを加え、さらに金型構造を加えていく。

丸棒やブロックなどの素材からの削り出しで製造する場合には、仕上がりイメージの3Dモデルとして、仕上げ条件に適切な加工代を見込んだ3Dモデルを作り、それを元にしてNC加工機のツールパスを作成する。

14.9 カタログなどへの形状モデルの活用

カタログや営業用として活用する際は、PMIを必要としない場合が多いと思われる。多くの場合、外観形状だけが必要であり、内部構造が不要である場合が多い。

さらに、詳細な形状が必要ない場合がある。その場合は、不要な形状を削除する。

また、設計用CADでは、自由曲面部の意匠設計的な滑らかさを表現する形状定義の機能が十分ではない場合が多く、その際は、意匠設計用のシステムへデータを受け渡しする場合もある。意匠設計用のシステムでは、ソリッドモデルは扱えず、サーフェイスモデルが必要とされることが多い。その場合は、外観に空いている隙間を適当な形状を付け足して隙間を埋めたうえで、外側の形状だけを取り出す機能（例えば、PTC Creoではシュリンクラップ）を使えばよい。

コラム　ASME Y14.45 “MEASUREMENT DATA REPORTING”

ASME製図規格には、ASME Y14.45仮称：「測定データ報告方法」という規格がある。

2021年に発行された規格で、ASME製図で作成された図面や3DAモデルの測定データを報告書にまとめる際の要件や書式の例を掲載しているものである。

いくつかの代表的な指示方法についての事例も掲載されており、それまでは、各測定機器ごとに異なる書式での報告書の出力が提供されてきたことからすると、統一書式としての画期的な企画書となりうるものである。

既に、ISO規格開発の会議でも紹介されているとのことなので、是非、世界標準でのさらに完成度の高い測定データ報告書様式の実現に向けて、取り組みを継続してほしいと思っている。

14.10 データを受け渡しする際のデータ形式について

3DA モデル又は 3D モデルのデータを受け渡しする際は、双方のシステムの対応するデータ形式を比較して決定する。形状だけでよいのか、面の色が必要かどうか、組立状態が部品に分割できたほうがよいか、PMI も必要かなど、含める情報に関係する。

受け渡しを行う双方が書き出し／読み込みでき、さらに必要な情報が含まれているデータ形式を選ぶ。

また、システムがあるデータ形式に対応していると仕様書に記載されていても、フルスペックで対応しているとは限らず、サブセットとして一部の機能だけに対応している場合もあるため、注意が必要である。その場合は、システムの購入元を通じて、仕様の詳細を確認する必要がある。

受け渡しを行うデータ形式を決める際は、データを渡した側の表現が、受け取った側ですべてきちんと表現されていても、正しく解釈できるかどうかが、非常に重要である。したがって、「サンプルデータ」を受け渡しして確認を十分行うなど、慎重に対応する必要がある。

付録 A
Creo Parametric（試用版）の導入方法

本書で 3DA モデルの作成に用いた 3D CAD の導入方法から基本的な CAD 環境の設定方法と基本的な使い方について説明する。

A.1 PTC社 Creo Parametric 10のご紹介

PTC Creo Parametric 10は、3D CADソフトウェアであり、製造業界において設計、解析、製造のプロセスを統合することができる。このソフトウェアは、部品モデリング、アセンブリ設計、表面モデリング、シートメタル設計、レンダリング、シミュレーションなどの機能を備えている。また、モデルベース定義（MBD）をサポートしており、2D図面を作成する必要がなくなる。Creo Parametric 10は、より高速で正確な設計を可能にし、製品の開発期間を短縮することができる。

3D CADを使用するためには、3D CADソフトウェアの基本的な知識が必要である。部品モデリング、アセンブリ設計、表面モデリング、シートメタル設計、レンダリング、シミュレーションなどの機能を備えている。Creo Parametric 10は、より高速で正確な設計を可能にし、製品の開発期間を短縮することができる。

3D CADの使用に必要なスキルについては、各社が提供するトレーニングコースを受講することもできる。たとえば、PTC UniversityのLearning Connectorではでは、Creo Parametricの基礎から応用まで幅広いトレーニングコースを提供している。そのトレーニングコースでは、Creo Parametricの基本的な知識から始まり、部品モデリングやアセンブリプロセスを高速化する方法などを学ぶことができる。

また、2D図面を作成する必要がなくなるモデルベース定義（MBD）もサポートしている。

以上のように、3D CADを使用するためには3D CADソフトウェアの基本的な知識が必要である。各社が提供するトレーニングコースを受講することで、3D CADの使用に必要なスキルを身につけることができる。

Creo Parametric 10の利用のメリットは以下の通りである：

・高速かつ正確な設計：部品モデリングやアセンブリ設計などの機能を備えて

おり、より高速で正確な設計を可能にする。

・製品開発期間の短縮：製品の開発期間を短縮することができる。

・モデルベース定義（MBD）：2D図面を作成する必要がなくなるモデルベース定義（MBD）をサポートしている。

・シミュレーション：シミュレーション機能を備えており、製品の性能や耐久性を評価することができる。

以上のように、高速かつ正確な設計が可能になり、製品開発期間を短縮することができる。また、MBDやシミュレーション機能もサポートしているため、より効率的な設計プロセスを実現することができる。

A.2 PTC社 Creo Parametric 10 試用版の導入方法

0. 導入するPCがCreo試用版のシステム要件に合っているかを確認する。

［備考：次の1.の「Creoの試用版をダウンロード」にシステム要件が記載されている。］

1. ウェブブラウザーでPTC.COMへアクセスし、Creoの試用版をダウンロードへ申し込む（図212参照）。

URL：https://www.ptc.com/ja/products/creo/trial

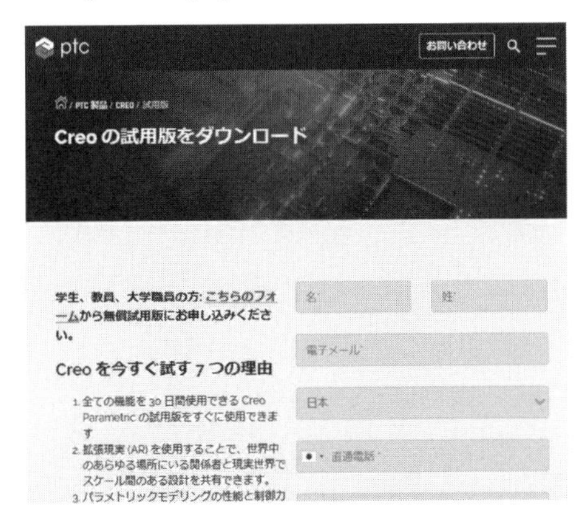

図212 Creoの試用版をダウンロード

2. eSupport で新規アカウントを作成する（**図 213** 参照）。
   URL：https://www.ptc.com/en/support

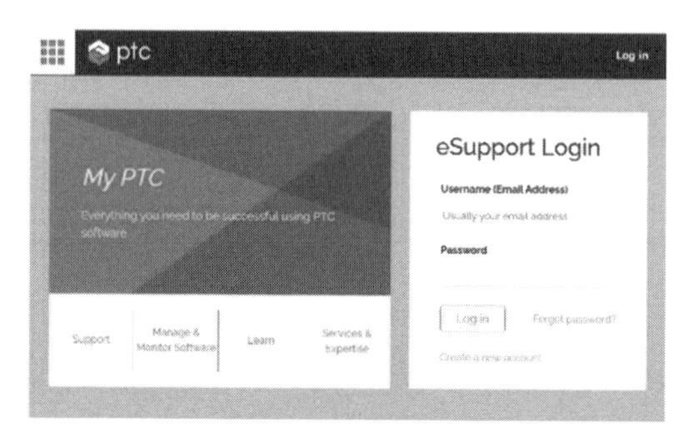

図 213 新規アカウントの作成

3. 入手した Creo10 の ZIP を解凍し、setup.exe をクリックする（**図 214** 参照）。

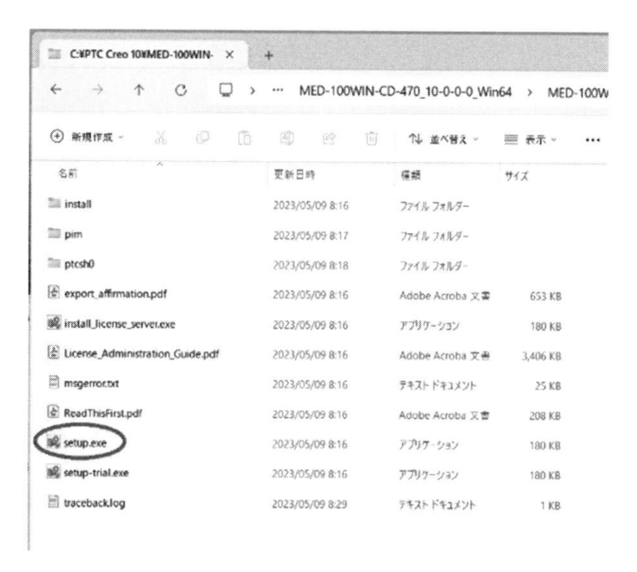

図 214 セットアップファイルの実行

4. 「新規ソフトウェアをインストール」を選択する。
5. ソフトウェアライセンス契約に同意する（**図 215** 参照）。

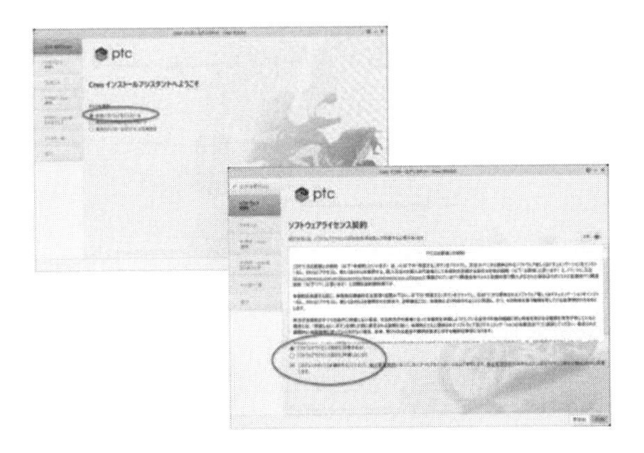

図215 ソフトウエアライセンス契約への同意

6. 「ノードロックライセンスを生成」を開き、事前に入手した製品コードを入力する（図216参照）。

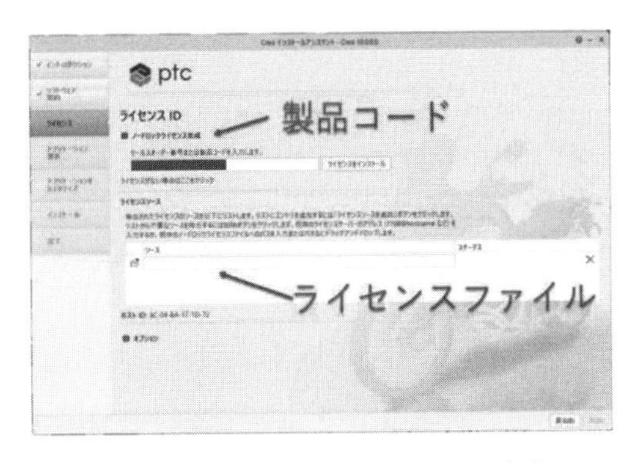

図216 ノードロックライセンスの生成

7. 登録したメールアドレス宛にライセンスファイルが送られてくる。
8. 先ほどのページの「ライセンスソース」で送られてきたライセンスファイルを開くと利用開始できる。

A.3 製図規格に関する設定（小数点、製図規格、絶対精度）

Creoでは、利用環境設定が、CADシステム依存のものと、部品ファイル依存のものの2種類がある。CADシステム依存の設定は、新規作成や既存のファイルを開く際に、デフォルトで適用される環境設定である。それに対して、部品ファイル依存の設定は、部品ファイル内に設定が格納されているので、その部品ファイルを開いた際にだけ適用される環境設定である。この2種類に分かれていることで、他の環境で作られた部品ファイルを開いても、互換性が確保される。

部品ファイル依存の設定は、テンプレートファイルとして新規に部品を作成する際に利用できるようにしておくと便利である。詳細は、Creo導入後のヘルプで確認できる。

CADシステム依存の設定は、「ファイル」メニューから「オプション」―「オプション」とたどることで、設定できる（図217及び図218参照）。

図217 オプション設定

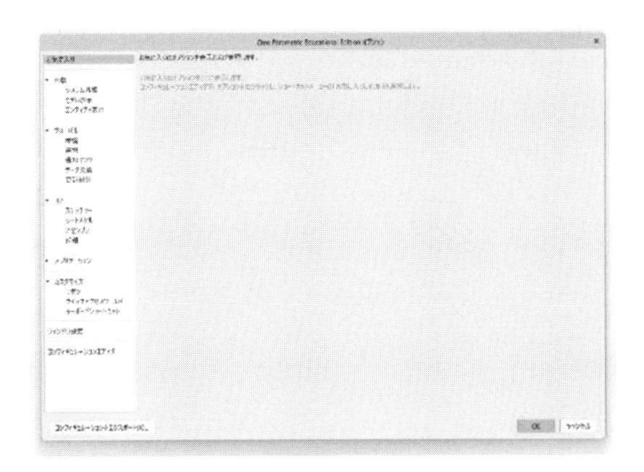

図 218 オプションウインドウ

このオプションウインドウの「外観」―「エンティティ表示」にある「寸法公差」欄の選択肢から「すべての公差を表示します」を選ぶ。この設定を行わないと、手動で寸法値に公差を設定できるようにならない（図 219 参照）。

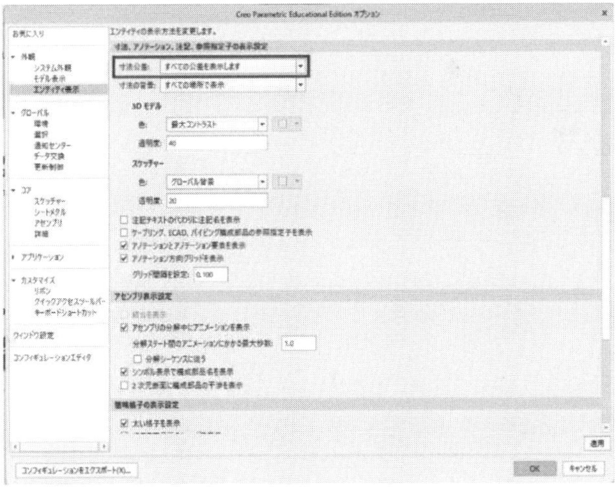

Creo Parametric Educational Edition オプション
お気に入り
外観
システム外観
モデル表示
エンティティ表示
グローバル
環境
選択
通知センター
データ交換
更新制御
コア
スケッチャー
シートメタル
アセンブリ
詳細
アプリケーション
カスタマイズ
リボン
クイックアクセスツールバー
キーボードショートカット
ウインドウ設定
コンフィギュレーションエディタ
エンティティの表示方法を変更します。
寸法、アノテーション、注記、参照指定子の表示設定
寸法公差: すべての公差を表示します
寸法の警告: すべての場所で表示
3D モデル
色: 最大コントラスト
透明度: 40
スケッチャー
色: グローバル背景
透明度: 30
注記テキストの代わりに注記名を表示
ケーブリング、ECAD、パイピング構成部品の参照指定子を表示
アノテーションとアノテーション要素を表示
アノテーション方向グリッドを表示
グリッド間隔を設定: 0.100
アセンブリ表示設定
アセンブリの分解中にアニメーションを表示
分解ステート間のアニメーションにかかる最大秒数: 1.0
分解シーケンスに従う
シンボル表示で構成部品名を表示
2次元表示に構成部品の干渉を表示
基準格子の表示設定
太い格子を表示
適用
コンフィギュレーションをエクスポート(X)...
OK
キャンセル

図 219 すべての公差を表示します

次に、左側の項目の最下行にある「コンフィギュレーションエディタ」で設定を行う（図 220 参照）。

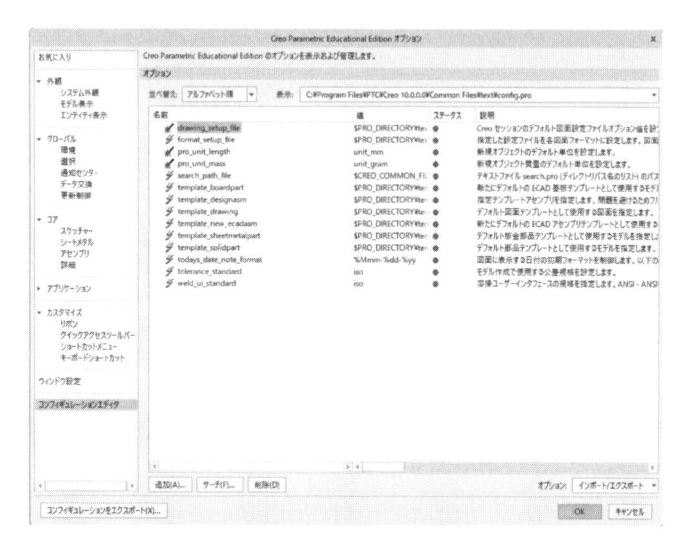

図 220 コンフィギュレーションエディタ

このコンフィギュレーションエディタでは、長さと重さの単位系と、利用する規格を選ぶ。**図 221** では、長さに「mm」、重さに「g」、公差規格に「ISO」及び溶接の規格に「ISO」を指定する。

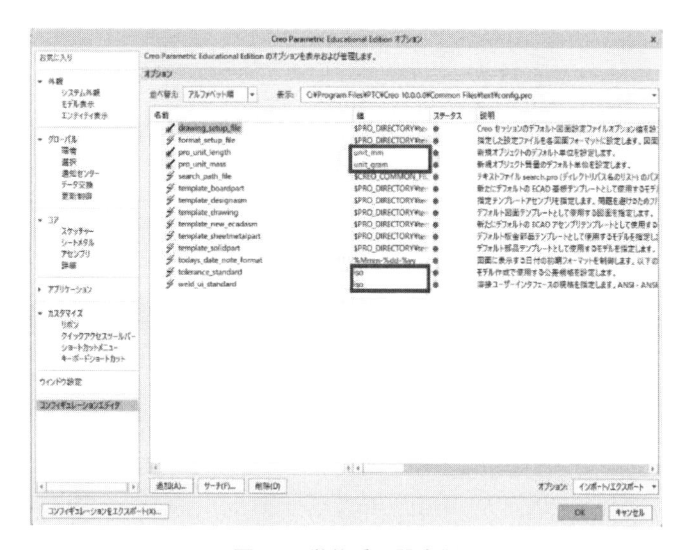

図 221 単位系の設定例

設定が終わったら、OK ボタンを押すと、config.pro ファイルの保存を促すメッセージが表示される。この config.pro を作業フォルダへ入れておくと、毎回、Creo 起動時に CAD システム依存の設定が再現される。

この config.pro ファイルは、テキスト形式のファイルなので、メモ帳などのテキストを編集できるソフトで開き、編集することができる（図 222 参照）。

```
pro_unit_length unit_mm
pro_unit_mass unit_gram
tolerance_standard iso
weld_ui_standard iso
default_abs_accuracy 0.001
tol_display no_tol_tables
default_dec_places 3
sketcher_line_width 2.50
edge_display_quality very_high
enable_fsaa 16
tolerance_class fine

drawing_setup_file $PRO_DIRECTORY¥text¥prodetail.dtl
format_setup_file $PRO_DIRECTORY¥text¥prodetail.dtl
search_path_file $CREO_COMMON_FILES¥ifx¥parts¥prolibrary¥search.pro
template_boardpart $PRO_DIRECTORY¥templates¥inlbs_ecad_board_abs.prt
template_designasm $PRO_DIRECTORY¥templates¥inlbs_asm_design_abs.asm
template_drawing $PRO_DIRECTORY¥templates¥c_drawing.drw
template_new_ecadasm $PRO_DIRECTORY¥templates¥inlbs_ecad_asm_abs.asm
template_sheetmetalpart $PRO_DIRECTORY¥templates¥inlbs_part_sheetmetal_abs.prt
template_solidpart $PRO_DIRECTORY¥templates¥inlbs_part_solid_abs.prt
todays_date_note_format %Mmm-%dd-%yy
```

図 222 config.pro ファイルの例

コンフィギュレーションエディタの詳細については、ヘルプを参照する（図 223 参照）

図 223 ヘルプの「Creo の設定について」

次に部品ファイル依存の設定を行う。

新規作成するか、または既存のファイルを開き、「ファイル」メニューから「準備」―「モデル特性」を選択する（**図 224** 参照）。

図 224 準備のモデル特性

モデル特性では、単位系と規格を変更する。**図 225** では、単位を「ミリメートル　ニュートン（mm N）へ、公差規格を「ISO/DIN」規格へ変更する。

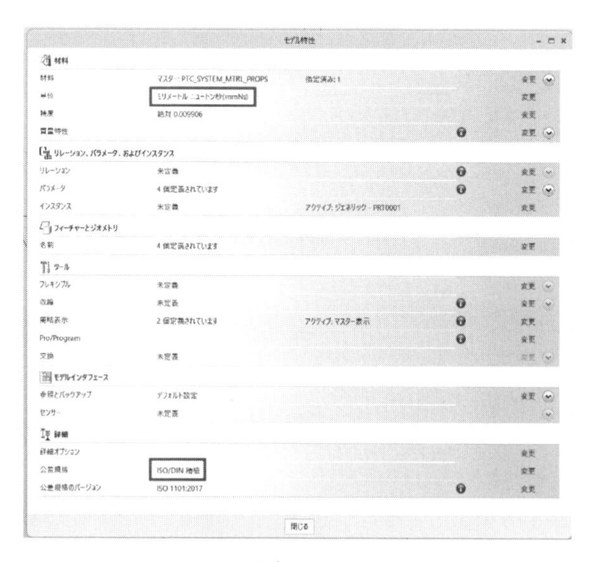

図 225 モデル特性の設定例

単位の設定では、単位系を選択した後、右上側にある「→設定」ボタンを押さないと反映できない（**図 226** 参照）。反映時に既存の開いている、あるいは作成中のモデルの大きさを、どのように反映するかを選択する（**図 227** 参照）。

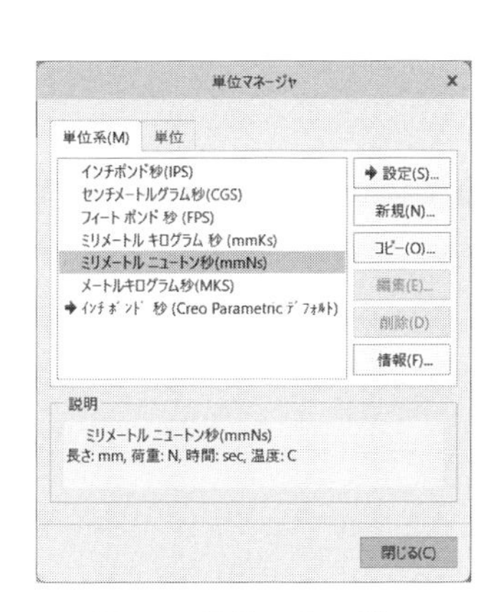

図 226 単位マネージャ

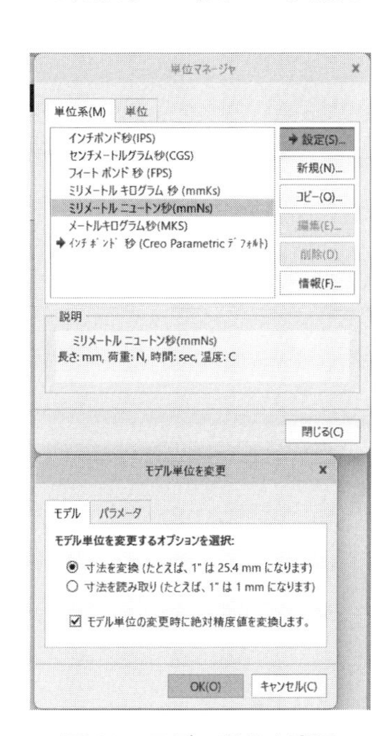

図 227 モデル単位を変更

Creo のオプションについては、設定画面にて、少しわかりにくいが、日本語での概要説明が記載されている（**図 228** 参照）。

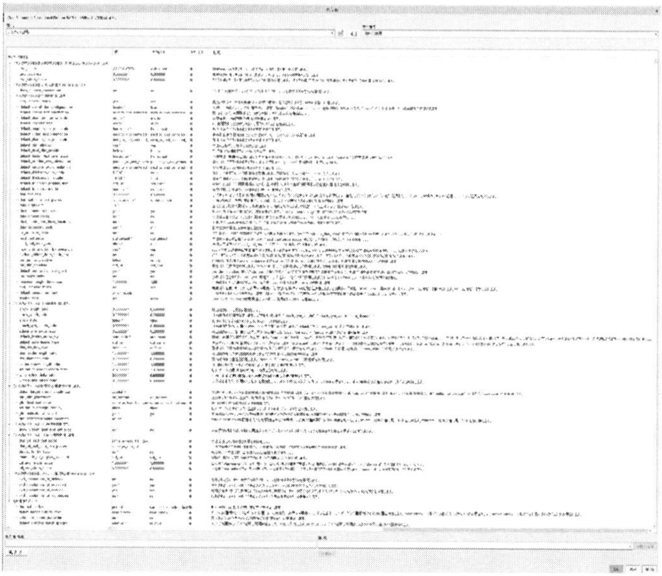

図 228 オプションの表示例

付録 B
用語集

・シチュエーション形体（situation feature）

形体の位置や姿勢又はその両方を定義できる点、直線、平面又はらせん。

・データム形体（datum feature）

データムを構成するために用いる実際の（理想的ではない）外殻形体。

・（データムのための）当てはめ形体（associated feature for establishing a datum）

データムを構成するための当てはめ形体。得られた測定データに、既定の当てはめ法を用いて計算し、理想的な形体を当てはめしたデータム形体。

・データム（datum）

公差域の位置または姿勢、または最大実体実効状態における理想的な形体、またはその両方を定義するために選択された１つ以上の実際の外殻形体に関連付けられた１つ以上の形体の１つ以上のシチュエーション形体。

・第１次データム（primary datum）

他のデータムからの拘束を受けないデータム。

・第２次データム（secondary datum）

データム系では、データム系の第１次データムからの姿勢拘束を受けるデータム。

・第３次データム（tertiary datum）

データム系では、データム系の第１次データムと第２次データムからの姿勢拘束を受けるデータム。

・単一データム（single datum）

一つの形体やサイズ形体に指示されたデータム形体から構成されるデータム。

・共通データム（common datum）

２つ以上のデータム形体から優先順位なく構成される単一データム。

・データム系（datum system）

２つ以上のデータム形体から、指示された優先順位で構成される２つ以上のシチュエーション形体の組合せ。

・データムターゲット（datum target）

データム形体の一部分であり、点、線分、領域のいずれか。データムを指示した実際の外殻形体上に点、線分、領域などの限定した部分を固定で用いて指示する場合に用いる。その位置や大きさは、TEDで指示する。

[注：データムターゲットが、点、線分、領域である場合は、それぞれデータムターゲット点、データムターゲット線、又はデータムターゲット領域として指示する。]

・可動データムターゲット（movable datum target）

可動姿勢を指示して制御するデータムターゲット。

・データム座標系（datum coordinate system）

データム系によって設定される直交座標系。3DAモデル固有の特性で、データム系とその座標系を関連付ける必要がある。

データム系の交点の位置が必ずしも座標系の原点に一致するとは限らず、交点から平行にオフセットした位置へ移動させることもできるため、必要に応じて3DAモデルに座標系を作成して、データム系との関連を指示する。角度TEDを用いて、データム系から座標軸周りに回転させることもできる。

[注：段差面をデータム平面に設定した場合は、その基準としたい平面部に座標系を設けることで、測定結果の評価基準が明確になる。]

・当てはめ（association）

実形体（測定データ、測得データともいう）から理想的な形体を当てはめるために指定した当てはめ方法を用いて行う演算。

[備考：当てはめ法（association criteria）には、最小領域法、最小二乗法、最大内接、最小外接、正接がある。ISOにおける標準の当てはめ法は、最小領域法（ミニマックス）であり、データムにおける当てはめ法は、ISO 5459を参照する。]

・**外殻形体（integral feature）**

表面上の線又は面。

・**誘導形体（derived feature）**

サイズ形体の外殻形体から求められる中心線（軸線）又は中心面。

・**サイズ形体（feature of size）**

長さサイズ形体又は角度サイズ形体。

長さサイズまたは角度サイズによって定義される幾何学的形状。

[注：サイズ形体は、円筒形、球形、平行な二面、円すいや、くさび形である。]

[備考：「サイズ形体」は、サイズ特性をもつものとしており、平行２平面の間の距離や、円すいのなす角度は可変の特性（サイズ公差の公差値の中で可変する）としている。一般に「サイズ形体」という場合は、その外殻形体である場合と、その誘導形体である場合のいずれか又は両方であるとしている。サイズ形体にデータムを設定するという場合には、その誘導形体である中心平面や中心軸線へデータムを設定することを指す。]

・**上の許容サイズ（Upper limit of size, ULS）**

サイズ形体において、公差内で許容できる最大のサイズ。

・**下の許容サイズ（Lower limit of size, LLS）**

サイズ形体において、公差内で許容できる最小のサイズ。

・**局部サイズ（local size）、**

長さ局部サイズ（local linear size）

サイズ形体の局部のサイズ。局部サイズはサイズ形体に無数にある。

・**２点間サイズ（two-point size）**

サイズ形体から得られた対向する２点間の距離。

・**全体サイズ（global size）**

サイズ形体の全体を測ることで求められるサイズ。

・最小二乗サイズ（least-squares size）

サイズ形体の全体を測り、その測定データを最小二乗近似して得られるサイズ。全体サイズの1つ。

・最大内接サイズ（maximum inscribed size）

サイズ形体の全体を測り、その測定データから最大内接法で計算して得られるサイズ。全体サイズの1つ。

・最小外接サイズ（minimum circumscribed size）

サイズ形体の全体を測り、その測定データから最小外接法で計算して得られるサイズ。全体サイズの1つ。

・包絡の条件（envelope requirement）

単一のサイズ形体が、サイズの最大実体限度に適用する最大内接サイズ又は最小外接サイズと、サイズの最小実体限度に適用する2点間サイズの組合せ。サイズ公差の後に記号「Ⓔ」を付けて適用を指示することもできる。

・外側サイズ形体の包絡の条件（envelope requirement for external feature of size）

下の許容サイズ（LLS）に2点間サイズと、上の許容サイズ（ULS）に最小外接サイズを組み合わせて用いる条件。

・内側サイズ形体の包絡の条件（envelope requirement for internal feature of size）

上の許容サイズ（ULS）に2点間サイズと、下の許容サイズ（LLS）に最大内接サイズを組み合わせて用いる条件。

・角度サイズ（angular size）

円すい又は円すい台の軸線と同一平面上にある平行ではない対向する2直線間、又は、くさび形のねじれがなく、平行ではない対向する2平面間の角度寸法。角度サイズのデフォルトは2線間角度サイズ。

・局部角度サイズ（local angular size）

特定の位置における角度サイズの値であると共に、角度サイズ形体における図示角度サイズ。位置を変えることで無数の局部ローカル角度サイズがある。

・2直線間角度サイズ（two-line angular size）

角度サイズ形体の当てはめ平面に直交する平面上の断面における2直線の間の角度。

・公差付き形体（toleranced feature）

サイズ公差又は幾何公差によって、公差が指示された形体。

・複合連続形体（compound continuous feature）

複数の形体が段差や切れ目などなく、連なっている形体。閉じた形体でも開いた形体でもよい。

・閉じた形体（closed feature）

輪のように、あるいは全面に段差や切れ目がなく、連なっている形体。

・開いた形体（unclosed feature）

全周に稜線があり、連なっている形体。閉じていない形体。

・ユナイテッドフィーチャ（united feature）

元は1つの形体だったが、モデルを作成していく過程で、中断や段差が生じた形体を単一の形体とみなす指示方法。外殻形体又は誘導形体の場合がある。

・公差域（tolerance zone）

設計者が指示した理論的に正確な形状（TEF）に設定した許容される形状の変動の範囲。指示により、指定された姿勢における幅、円筒形、球形、公差値を直径とする球が作る包絡面に囲まれた領域などの形状となる。

・理論的に正確な寸法（TED, theoretically exact dimension）

理論的に正確な形状、範囲、形体の姿勢と位置を指示するための長さ寸法及び角度寸法。3DAモデルでは、モデルそのものをTEDで定義しているとみなすことができる。

[注1：ISO製図では、理論的に正確な寸法をTED（テッド）という。

注2：TEDは以下を定義するために用いる。
—形体の形状とその寸法
—理論的に正確な形体（TEF）の定義
—形体又は公差付き形体の各部の位置と寸法
—ある投影面に投影した際の公差付き形体の長さ
—2つ以上の公差域における相対的な位置と姿勢
—データムターゲット及び可動データムターゲットの相対的な位置と姿勢
—データム系とデータムに関連する公差域の位置と姿勢
—幅の公差域の姿勢

注3：TEDには明示と非明示がある。
明示する場合は、枠で囲い、公差値を付けずに寸法線で指示する。
非明示の場合は、特に指示されない。非明示のTEDには、0 mm、0°、90°、180°、270°、ピッチ円上に均等に配置された角度寸法がある。

注4：TEDは、個別指示あるいは一括指示に差異はない。]

・理論的に正確な形体（TEF, theoretically exact feature）

理論的に正確な形状、サイズ、姿勢と位置を有する図示形体。3DAモデルでは、モデルそのものがTEFであるとみなすことができる。

・自由状態（free state）

重力だけを受けた部品の状態。

・非剛性部品（non-rigid part）

自由状態で図面に指示した公差値を超えて変形する部品。

・最大実体状態（maximum material condition, MMC）

サイズ形体のどこでも、その形体の実体が最大となる許容サイズにある状態のことで、例えば、最大の軸径と最小の穴径での組立状態。

・最大実体サイズ（maximum material size, MMS）

サイズ形体の最大実体状態を決めるサイズ。

・最大実体実効状態（maximum material virtual condition, MMVC）

最大実体実効サイズの当てはめ形体の状態。

・最大実体実効サイズ（maximum material virtual size, MMVS）

サイズ形体の最大実体サイズ（MMS）と、その誘導形体に指示した幾何公差（形状、姿勢、又は位置）の総合効果によるサイズ。

・最小実体状態（least material condition, LMC）

サイズ形体のどこでも、その形体の実体が最小となる許容サイズのことで、例えば、最大の穴径と最小の軸径での組立状態。

・最小実体サイズ（least material size, LMS）

サイズ形体の最小実体状態を決めるサイズ。

・最小実体実効状態（least material virtual condition, LMVC）

最小実体実効サイズの当てはめ形体の状態。

・最小実体実効サイズ（least material virtual size, LMVS）

サイズ形体の最小実体サイズ（LMS）と、その誘導形体に指示した幾何公差（形状、姿勢、又は位置）の総合効果によるサイズ。

付録 C

付録 C.1　UNICODE にある主な製図記号（参考）

文字を様々なコンピュータで同じように表すことができるようにするために、UNICODE という文字の表し方が、国際的に取り決めされている。この章では、製図規格に関する記号とその文字コードを紹介する。Windows パソコンでは、IME パッドの文字一覧から文字コードを探して入力する。

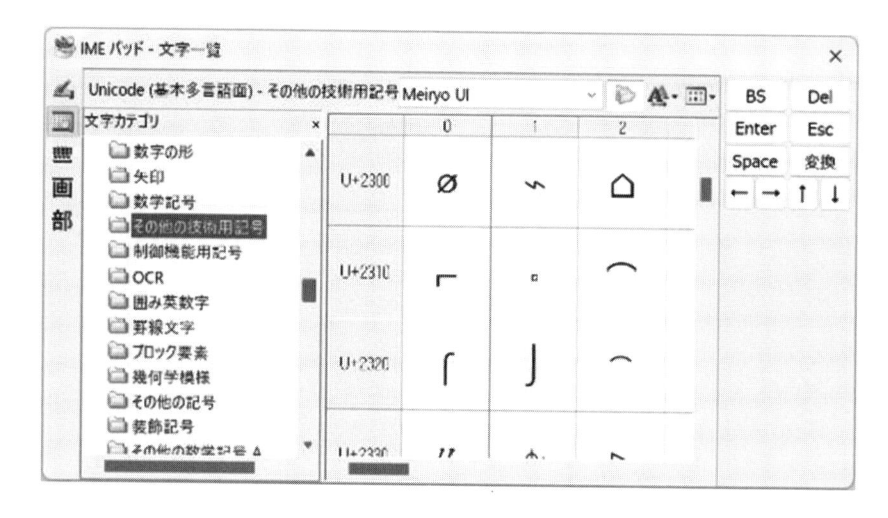

記号	名称	英語名称	UNICODE
⌀	直径	Diameter	2300
□	正方形	Square	25A1
⌒	円弧	Arc length	2322
↧	深さ	Depth	2334
⊔	円筒形の座ぐり	Cylindrical counterbore	2333
⌵	皿もみ	Countersink	2335
↔	区間指示	Between	2194
⌳	勾配	Slope	2333
⏤	真直度	Straightness	23E4
⏥	平面度	Flatness	23E5
○	真円度	Roundness	25EF
⌭	円筒度	Cylindricity	232D
⌒	線の輪郭度	Line profile	2312
⌓	面の輪郭度	Surface profile	2313
//	平行度	Parallelism	2225
⊥	直角度	Perpendicularity	27C2
∠	傾斜度	Angularity	2220
⌖	位置度	Position	2316
◎	同心度／同軸度	Concentricity / Coaxiality	25CE
⌯	対称度	Symmetry	232F
↗	円周振れ	Circular run-out	2197
⌰	全振れ	Total run-out	2330
⪥	姿勢拘束限定記号	Orientation constraint only	2AA5

備考 1　上記の記号の中には、選択するフォントにより、正しく表示できない場合がある。
備考 2　Unicode に関しては、The Unicode Consortium 〈https://home.unicode.org/〉を参照。

付録 C.2 サイズの用語説明

2016 年の JIS 規格にて「寸法公差」から「サイズ公差」へ変わったことにより、その表し方に関する用語も変化している。

例）$30^{+0.2}_{-0.1}$

30	図示サイズ（Nominal size）
$^{+0.2}_{-0.1}$	許容差（deviation limits）
+0.2	上の許容差（Upper deviation limit of size）
−0.1	下の許容差（Lower deviation limit of size）
0.3	サイズ公差（Tolerance of size）
30.1	上の許容サイズ（Upper limit of size, ULS）
29.9	下の許容サイズ（Lower limit of size, LLS）

付録 C.3　測定の方向（姿勢）の指示方法

ISO 製図では、測定の方向（姿勢）を明確に指示できるように、ISO 1101：2012 以降に、いくつかの記号が規定されている。その指示方法に関して説明する。

ISO 1101：2012 以降では、設計者が各指示の測定の方向（姿勢）を指示するための指示方法が新たに追加されている（P. 34 の表 11 参照）。

従来は、あいまいな指示や、必要に応じて、第 2 次データムなどを指示していたが、今後はこれらの指示方法が用いられていくこととなる。

現状では、幾何公差の公差記入枠に付記を行うことになっている（P. 110 の図 132 参照）が、最近の ISO 製図規格では、サイズ寸法や表面性状の指示にも付記する方向にある。今後、一般化すると想定されるため、きちんと理解しておく必要がある。

・インターセクションプレーン指示記号

適用する指示：面上の真直度の姿勢、線要素の指示の姿勢

適用する形体：回転体（円すい、円環など）、円筒形、平面上

図示記号：（**図 229** 参照）

図 229 インターセクションプレーン指示記号

［備考：回転体の軸に平行な線分と、平面上の対称形状には適用しない。］

・オリエンテーションプレーン指示記号

適用する指示：中心平面、中心線（円筒含む）、中心点、公差域の姿勢を指示する場合

適用する形体：参照データムは平面で、回転体（円すい、円環など）、円筒形、平面上

図示記号：（**図 230** 参照）

図 230 オリエンテーションプレーン指示記号

［備考：回転体の軸に平行な公差域と、平面に平行な円筒形の公差域には適用しない。］

・ディレクションフィーチャ指示記号

適用する指示：外殻形体で幅の公差域が指示面と直角ではない場合、円筒でも球でもない回転体の表面の真円度の幅の方向

適用する形体：参照データムは軸や平面で、回転体（円すい、円環など）、円筒形、平面上

図示記号：（図 231 参照）

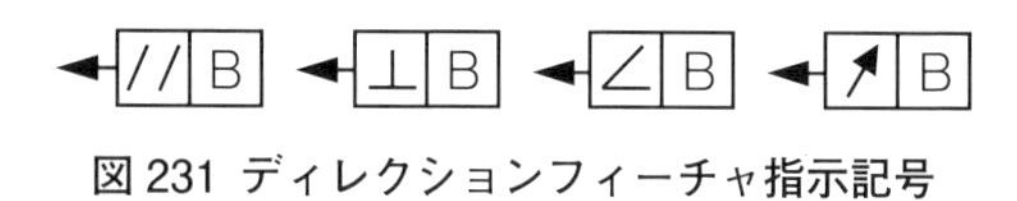

図 231 ディレクションフィーチャ指示記号

［備考：外殻または誘導形体の面の振れには適用しない。］

・コレクションプレーン指示記号

適用する指示：全周記号を用いる場合の指示の姿勢

適用する形体：全周記号を指示した形体

図示記号：（図 232 参照）

○//B

図 232 コレクションプレーン指示記号

[用語索引]

〈著 者 紹 介〉

亀田　幸德（かめだ　ゆきのり）

1962 年、富山県生まれ
1983 年、富山工業高等専門学校 機械工学科卒業
1985 年、長岡技術科学大学創造設計工学科卒業
1987 年、同大学院機械システム工学科修了
同年、電気製品製造・販売業の企業へ入社し放送業務用ビデオ機器の開発や民生用携帯情報端末などの開発を経て、技術標準化活動に従事し、現在に至る。
電機・精密機器業界における有志で設立し、活動していた JEP-III へ、2008 年より参画し、3DA モデルガイドライン開発に従事する。
2009 年より、JEP-III から電子情報技術産業協会（JEITA）の「三次元 CAD 情報標準化専門委員会」活動へ移行し、そのまま、業界標準化活動に従事し、所属会社の社内と社外の 3D CAD の利用に関する技術標準化活動を行い、3DA モデルガイドライン、3DA モデル作成ガイドライン、JEITA ET-5101 や ET-5102 開発・改正などに従事した。
2014 年より、三次元 CAD 情報標準化専門委員会にて小池忠男氏と共に「幾何公差 WG」を設立し、JEITA ET-5102A 開発・改正や、幾何公差表記事例集、幾何公差の検証・測定例集＜簡易検証編＞／＜実践検証測定編＞を 2024 年 3 月まで手掛ける。
2022 年に小池氏が JEITA をご卒業されたことを期に、小池氏と共に有志で活動を行う「幾何公差研究会」を設立し、月 1 回の頻度で製図規格の研究及び意見交換、問い合わせ対応などを実施し、現在に至る。
「幾何公差研究会」へのお問い合わせは、メールアドレス「pal@kikaken.jp」まで。

シッカリ学べる！
3DA モデルを使った「機械製図」の指示・活用方法

NDC 531.9

2024年 5月16日　初版1刷発行　（定価は，カバーに表示してあります）

著　者　亀　田　幸　徳
発行者　井　水　治　博
発行所　日刊工業新聞社
〒103-8548　東京都中央区日本橋小網町14-1
電話　書籍編集部　03（5644）7490
販売・管理部　03（5644）7403
ＦＡＸ　03（5644）7400
振替口座　00190-2-186076
ＵＲＬ　https://pub.nikkan.co.jp/
e-mail　info_shuppan@nikkan.tech

印刷・製本　美研プリンティング㈱

2024 Printed in Japan　落丁・乱丁本はお取り替えいたします．
ISBN 978-4-526-08338-9